KB133842

미래를 읽다 과학이슈 11
Season 4

미래를 읽다 과학이슈 11 Season **4**

2판 1쇄 발행 2021년 5월 1일

글쓴이 박기혁 외 10명
펴낸이 이경민

펴낸곳 ㈜동아엠앤비
출판등록 2014년 3월 28일(제25100-2014-000025호)
주소 (03737) 서울특별시 서대문구 충정로 35-17 인촌빌딩 1층
전화 (편집) 02-392-6901 (마케팅) 02-392-6900
팩스 02-392-6902
이메일 damnb0401@naver.com
SNS 🅵 📷 blog

ISBN 979-11-6363-388-4 (04400)

1. 책 가격은 뒤표지에 있습니다.
2. 잘못된 책은 구입한 곳에서 바꿔 드립니다.
3. 이 책에 실린 사진은 위키피디아, 동아사이언스에서 제공받았습니다.

미래를 읽다

과학이슈 11

11

Season

4

박기혁 외 10명 지음

동아 엠앤비

메르스와 지카바이러스, 발암물질과 인공지능까지 최신 과학이슈를 말하다!

2003년 1월, 중국에서 시작된 사스는 전 세계 37개국에서 8237명을 감염시켰고, 이 중 775명의 삶을 앗아갔다. 2012년 사우디아라비아에서 시작된 정체불명의 폐렴 증상은 요르단과 시리아 등 근처의 다른 나라로 번져나갔으며, 2015년 5월, 중동 지역과 멀찌감치 떨어진 우리나라에서도 40여 일간 전국을 강타하며 186명을 고통 속에 빠트렸고, 이 중 38명의 목숨을 앗아갔다. 메르스는 전 세계 27개국에서 1625명의 환자를 발생시켰고, 이 중 586명이 사망함으로써 치사율 36.1%라는 높은 위험성을 보였다. 사스와 메르스 둘 다 변종 코로나바이러스에 의한 질병이다. 대체 코로나바이러스는 무엇인가?

2015년 5월 브라질에서 첫 보고가 나온 이후 점차 확대되어, 12월부터 2016년 1월까지 두 달 간 중남미와 태국, 아프리카에서 감염환자가 발생하였고, 이후 인도네시아, 미국 등에도 확산의 조짐이 보이면서 전 세계를 공포에 빠트리고 있는 지카바이러스. 세계보건기구 WHO도 아기 소두증을 유발할 수 있는 지카바이러스 확산 사태를 이례적인 사례라고 하며 국제 공중보건 비상사태를 선포했다. 모기에 의해 전염되는 지카바이러스는 현재 미주 지역 26개국을 포함해 34개국에서 발생했으며, 브라질 당국은 150만 명이 이 바이러스에 감염된 것으로 추산하고 있다. 소두증을 유발한다는 지카바이러스는 예방할 수 있는가!

2015년 10월 26일(현지시간) 세계보건기구(WHO) 산하의 국제암연구소에서 소시지 · 햄 · 베이컨 등 가공육이 담배나 석면 등과 같은 '1군 발암물질'이라고 규정하자 세계는 발칵 뒤집혔다. 소시지가 담배와 같은 1군 발암물질이라면, 소시지를 먹는 것이 담배만큼 위험하다는 뜻일까? 과연 발암물질은 무엇이고, 어떻게 정해지는 것일까?

최근에 유럽의 바둑 챔피언을 꺾은 구글의 인공지능 알파고가 바둑기사 이세돌에게 도전장을 내며 연일 매스컴에 오르내리고 있다. 빅데이터를 이용하여 스스로 학습할 수 있는 딥러닝이 발전하면서 과연 인공지능(AI)과 로봇은 인간의 일자리를 빼앗고, 인간을 지배할 수 있을까?

2011년 청소년이 꼭 알아야 할 과학이슈11 시즌1을 시작으로 2년마다 시즌2와 시즌3을 출간하였으나, 급변하는 디지털 시대에 첨단 과학기술과 과학계를 떠들썩하게 하는 이슈들도 다양하여 이번에는 1년 만에 시즌4를 내놓게 되었다. 과학이슈11은 그동안 과학기술인들이나 관심을 가지던 과학기술 10대 뉴스에서 벗어나 학생들과 일반인들도 관심을 가질 수 있는 과학계의 핫 이슈를 소개하며 독자들의 사랑을 받는 베스트셀러가 됐다.

과학이슈 시즌4에서는 자동차와 IT의 융합으로 나날이 진화하고 있는 스마트카는 무엇이고, 그 기술은 어디까지 발전할지를 조명하였으며, 보존상태가 아주 좋은 매머드의 유전자를 참조하여 아시아코끼리의 유전자를 조작해 매머드의 특성을 지닌 코끼리를 만들어내는 프로젝트를 소개하고, 과연 매머드가 부활할 수 있을지를 알아보았다. 또한 인간이 지구를 떠나 다른 행성인 제2의 지구에서 살아갈 수 있을지? 그리고 항공우주, 바이오, IT 등 다양한 분야에 무궁무진하게 활용되고 있는 3D프린팅과 우리나라도 2020년 배출전망 대비 30%를 줄여야하는 온실가스 배출권 거래제는 무엇인지도 소개하고 있다. 중국에서는 처음으로, 일본에서는 한 해에 두 명을 배출한 2015년 노벨 과학상. 노벨 과학상 수상자는 누구이고, 어떤 연구업적으로 수상하게 되었는지에 대해서도 이슈로 선정되었다.

과학이슈의 선정은 국내 과학잡지의 편집장과 기자, 일간지의 과학전문기자, 학계의 교수와 연구자, 과학저술가 및 과학칼럼니스트들이 과학이슈의 후보를 제안하고 의견을 모아 10가지를 선정한다. 그리고 정확히 과학 분야는 아니지만 사회 전반적으로 화제가 됐던 이슈를 하나 더 추가하는 방식으로 진행된다. 이번 시즌4는 2015년 초에 홈쇼핑 물품을 전액 환불하는 등 큰 소동이 있었던 백수오 파동을 통해 '건강식품'이 선정되었다. 과학이슈에 대한 집필도 이슈 선정에 도움을 준 각 분야의 전문연구자, 전문 기자, 과학칼럼니스트들이 직접 이슈에 대해 분석하고 배경지식과 전문지식을 담아 집필하였다.

과학기술과 과학계에 일어났던 커다란 이슈들에 관심을 가져보자. 알면 알수록 생각이 깊어지고 시야가 넓어진다. 사회적으로 이슈가 되었던 과학기술에 대한 배경지식과 전문지식을 갖춘다면 사회를 이해하거나 과학기술이 사회에 미치는 영향도 눈에 들어오게 된다. 그래야 무엇이 옳고 그른지 판단할 수 있는 것이다. 이제부터 2015년 화제가 되었던 11가지 과학이슈에 대해 하나씩 알아보고, 과학이슈들이 우리의 삶과 행동을 어떻게 바꾸는지, 인류의 미래에 어떤 변화를 가져오는지 다함께 생각해 보았으면 한다.

2016년 2월 편집부

〈들어가며〉 메르스와 지카바이러스, 발암물질과 인공지능까지 최신 과학이슈를 말하다! 4

issue 01 스마트카
자동차와 IT 융합, 스마트카 시대의 도래 8
　　　　박기혁

issue 02 매머드 복제
매머드는 부활할 수 있을까? 22
　　　　강석기

issue 03 메르스와 지카바이러스
코로나바이러스와 소두증 유발 바이러스의 습격 36
　　　　이은희

차 례

issue 04 발암물질
소시지가 1군 발암물질이라고? 66
　　　　박태균

issue 05 인공지능
인공지능이 인간을 지배할 수 있을까? 88
　　　　엄태웅

issue 06 제2의 지구 발견
인간이 살 수 있는 다른 행성이 있을까? 106
　　　　이광식

issue 07 3D 프린팅

3D 프린터, 어디까지 만들 수 있나? 126
문명운

issue 08 온실가스 배출권거래제

이산화탄소를 내보내려면 돈을 내야 한다? 142
이충환

issue 09 일반상대성이론 100주년

상대성이론으로 뒤바뀐 세상 166
이억주

issue 10 2015 노벨 과학상

누가 어떤 연구로 노벨 과학상을 받았을까? 186
이재웅

issue 11 건강식품

백수오 논란으로 살펴보는 건강식품의 허와 실 210
김청한

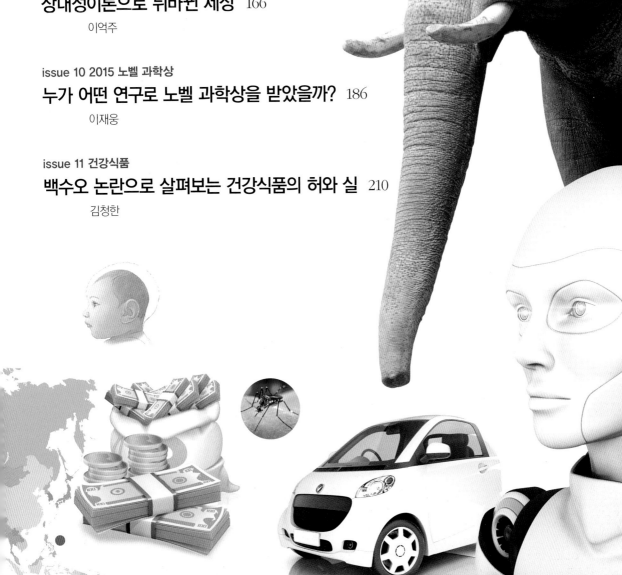

20 ℃
/ 68 F

issue 01

스마트카

CITYMAP
>10

LOREM STREET

박기혁

서울대학교 공과대학 학사, 경희대학교 박사과정을 수료하고 현재
기술리서치, 기술투자기업인 (주)PB 기술거래의 대표로 있다.
기술보증기금 평가위원, KEIT 산업기술평가진흥원 평가위원,
은행연합회 기술심의 및 데이터베이스 위원으로 활동하며
첨단기술과 산업의 상관관계에 대해 지속적으로 연구하고 있다.

자동차와 IT 융합
스마트카 시대의 도래

스마트카? 똑똑한 자동차인가? 라고 쉽게 떠올릴 법한 이 단어는 사실 많은 의미를 가지고 있다. 요즘 시장에 선보이는 자동차는 가히 똑똑하다고 할 수 있을 정도의 기술을 가지고 있다. 실제로 정보통신기술(ICT)인 인포테인먼트infortament나 텔레매틱스Telematics[1] 기술이 접목된 경우가 많다. 스마트폰으로 자동차 상태를 살피는 것은 물론 원격으로 시동을 걸고 교통사고가 발생하면 자동으로 응급구조를 보내는 등의 서비스를 제공받을 수 있다. 이처럼 인포테인먼트와 텔레매틱스 기능을 갖추고 고도화된 네트워크 접근성을 가진 자동차를 '커넥티드카Connected Car'라고 부른다.

또한 스마트기기 등을 통해 외부와 정보를 양방향으로 주고받으

---

1   텔레커뮤니케이션(telecommunication)과 인포매틱스(informatics)의 합성어로, 자동차 안에서 이메일을 주고받고, 인터넷을 통해 각종 정보도 검색할 수 있는 오토(auto) PC를 이용한다는 점에서 '오토모티브 텔레매틱스'라고도 부른다. 자동차 안에서 무선 네트워크를 통해 차량을 원격 진단하고, 사무실과 친구들에게 전화 메세지를 전할 수 있고, 오디오북을 다운받을 수 있다.

며, 실시간 내비게이션이나 원격 차량 제어도 가능하다. 무선 통신 기능 탑재로 웹서핑이나 멀티미디어 콘텐츠 등 인터넷과 모바일 서비스를 사용할 수 있는 것이 특징이다. 이처럼 스마트카 시대를 가능하게 만드는 가장 핵심적인 요소는 네트워크다. TV, 스마트폰, 태블릿처럼 자동차를 하나의 디바이스로 인식하고 이를 네트워크에 연결하는 것이 목표다.

자동차와 무선통신을 결합했다는 점에서 텔레매틱스와 유사한 개념이다. 텔레매틱스는 무선통신으로 실시간 차량 위치 추적이나 인터넷 접속, 교통정보 등의 서비스를 제공하는 것을 말한다. 소프트웨어 위주로 고정 서비스를 제공하는 텔레매틱스에 비해, 커넥티드 카는 차체를 전자 제어 시스템으로 구성하

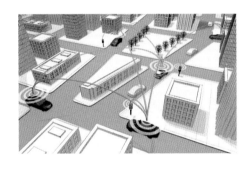

〈커넥티드 카의 연결성〉
이미지 출처 :http://
www.wired.com/2012/08/two-
connected-car-studies/

는 등 보다 확장 · 통합된 서비스가 가능하다.

앞으로 스마트폰과 차량을 연결해 이용하는 형태에서 나아가 무선망을 통한 자동차 사이의 정보 공유로, 자율 주행이나 사고 방지 등의 시스템이 가능해질 전망이다. 이를 위해 커넥티드카에 적합한 기술 표준과 통신 기술, 보안 시스템 구축 등의 필요성이 더욱 커지고 있다.

기존과는 색다른 자동차, 스마트카의 등장

우리가 살고 있는 지금 이 시대는 개인들 간의 연결 가능성이 무궁무진한 세계이다. 낯선 외국에 살고 있는 사람과도 온라인으로 커뮤니케이션할 수 있는 시대이다. 게다가 스마트폰이 등장하면서, 우리는 매일, 매시간, 매분, 매초마다 누군가와 연결된다. 이러한 상황에서 이제는 사람뿐만 아니라, 사물간의 연결, 사물과 사람간의 연결을 가능하게 하는 IoT, 사물 인터넷이라는 말을 한 번쯤은 들어보았을 것이다. 이

〈메르세데스 벤츠의 도심형 소형 전기차 스마트〉

러한 사물 인터넷의 커다란 흐름 위에, 자동차의 개념 또한 거대한 변화를 맞이하고 있다. 스마트카는 바로 이러한 배경에 의해 등장하게 되었다. 우리나라에서 '스마트카'라는 단어가 널리 사용되기 시작한 이유는 독일의 자동차 회사인 메르세데스 벤츠의 차세대 도심용 전기차인 '스마트'라는 모델의 이름 때문이다. 이 자동차는 기존 자동차와는 색다른 모습으로 사람들에게 다가왔고, 차세대 자동차에 대한 포괄적인 대명사처럼 사용되기 시작했다.

현재 '스마트카'라는 단어에는 여러 가지 자동차에 대한 개념들이 혼재되어 있다. 그 개념들을 2가지로 나누자면 바로 '자율 주행 자동차'와 '무인 자동차'이다.

자동차와 정보통신기술의 융합

현 시대에 없어서는 안 될 자동차! 우리나라 국민들은 3명당 1대의 자동차를 사용하고 있다. 자동차는 우리 삶에서 빠질 수 없는 제품이 되었다. 이러한 자동차는 사용자에게 더 편리한 형태로 발전하다가 스마트 단말기와 자동차가 연동되는 단계에까지 왔다. 스마트 단말기와 연동되어 하드웨어 제어를 포함해, 여러 콘텐츠 사용에 이르기까지 새로운 서비스 플랫폼을 제공해 주며 다른 차량이나 교통 인프라와도 무선으로 통신할 수 있는 발전된 자동차를 커넥티드카라고 한다. 이것이 대표적인 자동차와 정보통신기술ICT의 융합 형태이다.

스마트카에는 어떤 기술이 숨겨져 있을까? 첫 번째 기술은 정확한

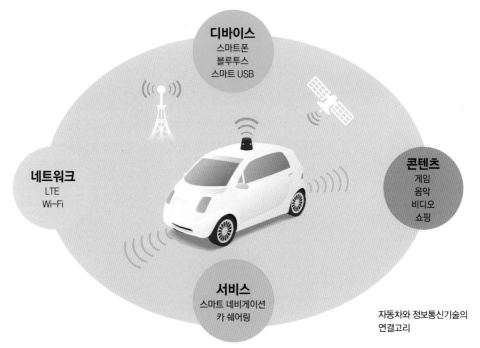

디바이스
스마트폰
블루투스
스마트 USB

네트워크
LTE
Wi-Fi

콘텐츠
게임
음악
비디오
쇼핑

서비스
스마트 네비게이션
카 쉐어링

자동차와 정보통신기술의
연결고리

위치 찾기. 정밀 측위 기술 및 디지털맵 기술이다.

GPS는 인공위성을 이용한 측위 기술로 정확한 위치를 알고 있는 위성에서 발사한 전파를 받아 그 전파의 도달 시간차를 계산하여 위치를 측정하게 된다. 현재 총 24개의 GPS 위성이 지구 위를 돌고 있는데, 이 중 4개 이상을 이용하여 3차원적인 위치를 측정할 수 있다. 현재 이 기술은 국가적 업무뿐만 아니라 경제 산업, 과학기술 등 다양한 분야에서 사용되고 있으며 오차범위는 현재 3미터 이내이지만 앞으로 GPS, 레이더, 각종 센서들이 융합적으로 정보를 수집한다면 그 오차범위는 아주 작아질 것으로 예상된다.

디지털맵 기술은 상용화 중에 있으며 지도라는 방대한 양의 데이터를 모델링하는 데 많은 시간이 소요되어 아직 그 단계가 미미한 것이 사실이지만 전자지도의 도로지도, 바탕지도, 시설물 지도들의 데이터들이 3D화 된다면 운전하는 혹은 디지털맵을 이용하는 이용자들은 실제로 해당 지역에 들어온 듯한 느낌을 받을 수 있을 것이며, 이는 운전자에게 많은 편의성을 제공할 것으로 예측된다.

두 번째 기술은 운전자의 운행 상태를 체크해 주는 시스템! ADAS이다. ADAS(Advanced Driving Assistant System), 첨단 운전자 보조 시스템은 자율 주행 기술의 기초가 되는 시스템이다. 운행 중 위험을 미리 감지하고, 이에 대해 운전자가 반응하기 전에 미리 운전을 제어하는 시스템이다. 예를 들면, 안개가 자욱히 낀 날 앞차도 보이지 않는 상황에서 갑자기 앞에 있던 트럭이 사고가 나면, ADAS는 그 트럭의 이상 상태를 사전에 감지하고 운전자에게 경고를 주거나, 운전자가 당황하여 운전을 잘못하더라도, 트럭에 충돌하지 않게 미리 브레이크를 잡아주는 역할을 한다.

〈첨단 운전자 보조 시스템, ADAS〉
이미지 : http://
m.auto.danawa.com/
news/?Work=detail&no=2954375

어떻게 ADAS를 갖춘 자동차가 앞의 트럭이 사고가 났는지를 알 수 있을까? 바로 자동차 센서와 센서 융합 기술이 적용되었기 때문이다. 센서와 센서 융합 기술은 자동차에 센서를 부착하고 이를 가지고 주변 상황을 인지하는 기술이다. ADAS를 위해서는 여러 가지 기술들이 필요하다. V2V, V2X 통신과 자동차 센서 기술 및 센서 융합 기술, 그리고 정밀 측위 및 디지털 맵 들이다. 이 기술들은 레이더 센서와, 초음파 센서, 카메라 센서를 기반으로 하고 있으나, 향후 자율 주행 시스템을 이루기 위해서는 보다 정교하고 정확하게 상황을 인지할 수 있도록 기존 센서들을 융합하는 센서 퓨전 기술이나 레이저 센서와 같은 새로운 고성능 인지 기술이 필수적이다.

세 번째 기술은 ADAS를 위해서 사용되는 센서 및 센서 융합 기술이다. 다양한 기술에 고성능의 센서가 필요하다고 하는데 과연 센서 기술은 무슨 장점이 있기에 ADAS를 위해서 사용되는 것일까? 센서 기술은 차량이 스스로 주변 상황을 인지하는 데 도움을 준다. 센서 기술에는 레이더[2]/라이더[3] 기반 센서와 영상 센서가 있다. 레이더/라이더 기반 센

---

2 레이더(Radar)는 전자파를 대상물을 향해서 발사해 그 반사파를 측정하는 것으로써, 대상물까지의 거리나 형상을 측정하는 장치이다.

3 라이더(Lidar)는 레이더와 다르게 레이저(Laser)를 이용한다. 목표에 반사된 파장을 측정해 거리를 재는 기계다.

서는 운전 중 다양한 대상 물체(또는 장애물)의 거리 및 부피를 측정하여 대상 물체의 정확한 거리와 공간 정보를 인식하는 인식 및 검출 기술이다. 예를 들어, 10미터 앞에 빨간색 오토바이와 파란색 자동차가 있을 때 레이더/라이더 기반 센서는 10미터 전방에 어떤 물체 2개가 있다는 것을 알려준다. 하지만 이 물체가 빨간 오토바이인지, 파란 자동차인지 구분할 수는 없다. 이런 문제를 보완하기 위해서는 영상 센서 기술이 필요하다. 영상 센서 기술은 쉽게 말해서 카메라를 이용해 영상을 녹화하고 이 영상 정보를 가지고 좀 더 완벽하게 주행 상황을 인식하는 기술이다.

네 번째 기술은 자동차의 대화. 차량 통신 시스템이다. 이 센서들을 장착한 자동차 한 대만 있으면 주변 상황을 파악할 수 없다. 그렇기 때문에 자동차와 자동

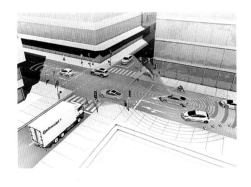

〈레이더 기반 센서 기술〉
이미지 : http://global-autonews.com/bbs/board.php?bo_table=bd_034&wr_id=106&page=9

차 간의 커뮤니케이션이 가능해야 한다. 또한 신호등 앞에서 신호를 대기 중인 자동차는 신호등과 통신을 통해 신호등이 초록불인지, 빨간불인지 알아내야만 한다. 그리고 자동차와 신호등 외에도 여러 가지 다른 사물들과 연결도 필요하다. 그렇기 때문에 차량 통신 시스템(Vehicle Communication System, VCS) 기술이 등장하게 된 것이다. 그런데 통신을 하기 위해서는 메시지를 보내는 사람만 있어서는 안된다. 이 정보를 받을 사람이 존재해야 한다. 그래서 이 커뮤니케이션의 상대에 따라 VCS는 3가지의 분류로 나눌 수 있다. 하나는 차량과 차량간의 통신 시스템(Vehicle-to-Vehicle, V2V)이다. 또 다른 하나는 차량과 모든 사물들과의 연결된 시스템(Vehicle-to-Everything, V2X)이다. 마지막 하나는 차량과 인프라들 사이의 커뮤니케이션 시스템(Vehicle-to-Infrasturcture, V2I)이다.

V2V는 여러분이 타고 다니는 자동차들이 무엇을 하고 있는지를 다른 차들에게 메시지를 보내 알려주는 무선 네트워크의 일종이다. 이 커뮤니케이션에는 자동차가 얼마나 빠르게 달리고 있는지, 어떻게 해서 여기까지 왔는지, 감속을 하는데 얼마나 걸리는지, 그리고 사고의 위험이 있는지를 포함하고 있다. V2V는 단거리 전용 통신(DSRC) 규약[4]을 사용한다.

다섯 번째 기술은 자동차를 문화 · 생활공간으로 활용할 수 있는 인포테이먼트 및 HMI 시스템이다. 운송수단에 불과했던 자동차가 진화를 거쳐 문화 · 생활공간으로 거듭나고 있다. 보다 편리하고 인간 친화적인 첨단 기능들이 속속 등장하면서 가능해진 얘기다. 이러한 기능을 흔히 차량용 '인포테이먼트' 시스템이라고 한다. 운전과 길 안내 등 필요한 정보를 뜻하는 인포메이션information과 다양한 오락거리와 인간 친화적인 기능을 말하는 엔터테인먼트entertainment의 통합시스템이

라고 할 수 있다. 특히 차량 내 내비게이션, 오디오와 비디오, 그리고 인터넷을 결합을 넘어 최근 스마트폰과 태블릿PC의 대중화, 정보기술(IT)의 발달

〈차량 통신 시스템(V2V)〉
이미지 : http://
www.extremetech.com/
extreme/176093-v2v-what-
are-vehicle-to-vehicle-
communications-and-
how-does-it-work

로 기술 수준과 시장은 해를 거듭할수록 성장을 보이고 있다.

스마트폰 기반 차량용 인포테인먼트(in-vehicle infotainment, IVI) 시스템은 새로운 차원의 모바일 편리성으로, 자동차에서 바로 휴대용 기기의 컨텐츠에 접속해서 각종 자료와 앱을 자동차 계기판의 헤드 유닛을 통해 이용할 수 있도록 한다.

---

4 단거리 전용 통신(Dedicated short-range communications) 또는 줄여서 DSRC는 주로 차량 통신에 사용할 수 있고 정해진 규약과 기준에 부합하는 단방향 또는 양방향의 단거리 무선 통신 채널이다. 1999년 10월, 미국의 연방 통신 위원회는 지능형 교통 체계를 이용한 단거리 전용 통신으로 5.9GHz 대역에서 75MHz를 할당해 사용하도록 하고 있으며, 2008년 8월 유럽 전기 통신 표준 협회에서는 지능형 교통 체계를 이용한 단거리 전용 통신으로 5.9GHz 대역에서 30MHz를 할당해 사용하도록 하고 있다.

〈인포테인먼트 자동차-모바일〉
이미지 :
http://www.hellot.net/new_hellot/
search/search_magazine_rea
d.html?idx=15021&page=1

  구글 지도 또는 스마트폰 내비게이션 앱을 자동차 디스플레이 화
면으로 전송하여 제어할 수도 있고 운전 중에 음악을 듣기 위해 휴대 장
치를 조작할 필요 없이 큰 디스플레이를 이용해 쉽게 조작할 수도 있
다. 스마트폰과 연계한 차량용 앱 서비스 제공을 위한 터치 스크린이
나 개인용 IT 기기와의 자연스러운 연동을 위한 연구, 차량 제스처 인
식 및 3D 그래픽과 같은 고급 입출력 기술, 미래 무인자동차를 대비한
자동 HMI(Human-Machine Interface) 콘셉트 연구, 차량 내 디스플레
이 및 제어 장비들의 미래지향적 통합 디자인 방안에 대한 연구 등 고도
의 HMI 기술을 활발히 연구하고 있으며 아울러 다양한 차량 내 정보 및
신기술에 따른 운전자 주의분산 방지를 위한 연구도 활발하게 진행되고
있다.

  여섯 번째 기술은 전자 통신 기기와 운전자가 상호 작용을 할 수
있도록 해주는 HVI(Human-Vehicle Interface System) 시스템이다. 이
시스템은 운전자가 보다 효율적인 방법으로 자동차와 소통 할 수 있도
록 지원하는 시스템이다. 소통과 효율의 의미는 '안전'과 연결된다. 운
전자 부주의로 인한 사고발생에 대한 예방은 HMI를 연구하는 사람들이
해결해야 할 가장 큰 이슈 중 하나이다. 과거의 자동차와 다르게, 현재

의 자동차는 좀 더 다양한 기능들과 편의를 제공할 수 있는 스마트카로의 진화가 예상된다. 따라서 안전성과 편의성을 증대시키는 HVI 설계가 갈수록 중요해지고 있다.

최근 자동차 사고의 원인을 분석해 보면 전방주시 태만, 판단오류, 발견 지연 등의 운전자 부주의로 인한 사고가 절대적인 비율을 차지하고 있다. 우리나라의 도로교통안전 관리공단이 조사한 자료에 따르면 67.6%가 운전 부주의로 인한 사고였다. 특히 모바일폰 사용과 내비게이션, 오디오, 공조장치 등 대시보드 제어 과정에서 발생하는 전방 주시 태만이 62.7%에 해당했다. 반면 자동차와 관련된 발생 사고는 20~30%에 불과했다. 자동차에는 핸즈프리, 내비게이션 시스템, 각종 AV 플레이어 등 다양한 차량 정보, 엔터테인먼트, 운전자 보조 시스템의 장착이 갈수록 늘고 있다. 이에 따라 부적절하게 설계된 HVI로 인해 운전자의 안전이 위협받고 있다.

인구 연령의 변화(고령사회) 또한 HVI가 대응해야 할 큰 이슈 중 하나이다. 고령 운전자들은 인지능력, 반응 속도가 떨어지기 때문에 더욱 위험에 노출돼 있다. 선진국의 고령 인구는 갈수록 증가하고 있다.

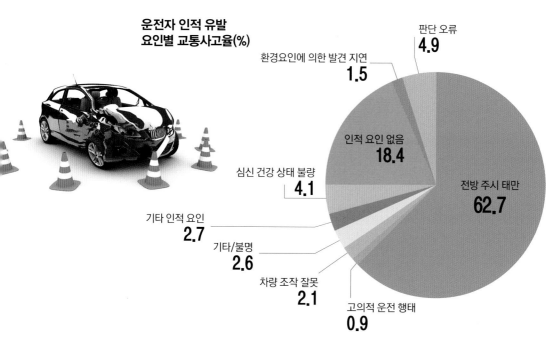

운전자 인적 유발 요인별 교통사고율(%)

판단 오류 4.9

환경요인에 의한 발견 지연 1.5

인적 요인 없음 18.4

심신 건강 상태 불량 4.1

기타 인적 요인 2.7

기타/불명 2.6

차량 조작 잘못 2.1

고의적 운전 행태 0.9

전방 주시 태만 62.7

2025년이 되면 고령자가 전체 운전자의 25%가 될 것이고, 이 중 85세 이상의 고령자가 급격히 증가할 전망이다. 고령화가 급속도로 진행됨에 따라 고령 운전자의 운전면허증 취득 및 운전 비율 역시 증가할 전망이다. 자동차에는 갈수록 많은 기술이 탑재되며 복잡화되고, 운전자들은 새로운 기술을 조작해보고 어떻게 작동되는지 보고 싶어 하는 욕구도 커질 것이다. 이 같은 상황에 고령 운전자 비율이 늘면서 운전 부주의로 인한 사고는 더욱 늘게 될 것이다.

너 언제까지 기름 넣을래?

친환경 자동차 개발의 필요성이 대두된 것은 석유자원 고갈문제로 석유값 폭등과 그에 따른 전반적인 산업구조의 변화 때문이다. 게다가 온실가스로 인해 지구 곳곳에 일어나는 환경변화를 방지하기 위해,

	전기자동차	하이브리드차	플러그인하이브리드차	수소연료전지차
동력발생 장치	모터	엔진+모터(보조동력)	모터, 엔진(방전시)	모터
에너지원	전기	전기, 화석연료	전기, 화석연료(방전시)	전기(수소로 생성)
구동 형태				
특징	충전된 전기 에너지만으로 주행, 무공해 차량	엔진과 모터를 조합한 최적운행으로 연비 향상	단거리는 전기로만 주행, 장거리 주행시 엔진 사용, 하이브리드+전기차의 특성을 가짐	무공해 차량
적용 사례	닛산 리프 미쯔비시 아이미브 테슬라 모델S	토요타 프리우스 혼다 시빅	GM 볼트 BYD F3DM 피스커 카르마	현대 투싼 다임러 B클래스 토요타 FCHV-adv

친환경 자동차 종류 이미지

전기 자동차

각 세계 정상들이 모여 탄소 배출을 줄이고, 대체 에너지 자원 개발에
힘을 쏟기로 했는데, 그 노력 중 하나가 친환경 자동차 개발이다.

국내의 경우 친환경 자동차를 '친환경적 자동차'라고 말하며 종류
를 분류해 놓고 있다. 전기를 충전해서 움직이는 전기자동차, 태양에너
지를 동력으로 움직이는 태양광자동차, 수소를 사용하여 발생시킨 전기
에너지를 동력원으로 사용하는 수소연료전지차, 천연가스를 사용하는
천연가스자동차가 있다. 이와 같이 무공해 또는 저공해 기준을 충족하
는 자동차를 우린 친환경 자동차라고 한다.

전기자동차(EV)는 내연기관이 없고 순수하게 배터리의 전기를 이
용하여 모터를 구동시키는 방식이다. 수소연료전지(FCEV)는 배터리 용
량을 줄이고, 수소연료통을 차에 장착하여 수소로 전기를 만들어 자동
차를 움직이는데, 장점은 배터리 무게를 줄임으로써 차량 무게가 줄어
그 만큼 연료효율도 좋다. 두 종류 모두 내연기관이 없기에 시동을 걸어
도 소음이 매우 작으며 친환경 자동차의 대표 주자로 손꼽히고 있다.

하이브리드차(HEV)는 기존 내연기관에 배터리로 구동하는 모터
가 결합되어 있는 형태이다. 배터리는 따로 외부 충전은 못하고 일정 속
도 이상이 되면 엔진을 구동시키는 힘이 전달되어 충전되는 방식이다.

기존 내연기관 자동차보다 연비가 높고 공해 및 이산화탄소 배출량이 적은 것이 장점이다. 친환경 차라고 보기에는 아쉬운 부분이 있는데, 공해를 완전히 차단하지는 못한다.

플러그인 하이브리드차(PHEV)는 하이브리드차에서 한 단계 전기 자동차에 가까워진 형태로, 기존 가전제품처럼 충전할 수 있는 전기 플러그가 장착되어 있다. 충전한 전기로 주행을 하다가 전기가 소모되면 엔진을 작동시켜 추가로 전기에너지를 보충하는 방식을 사용한다. 단거리는 배터리를 통해서 동력을 얻어 순수 전기차와 같이 공해 및 이산화탄소 배출이 없고, 장거리는 하이브리드와 같은 구동방법으로 엔진을 통해 동력을 얻는다. 하이브리드와 비교하여 상대적으로 큰 배터리 용량이 요구된다.

수소연료전지차는 수소와 공기 중 산소를 반응시켜 전기로 모터를 돌려 구동력을 얻는다. 연료전지가 내연기관을 대체하는 친환경 자동차를 말한다. 장점으로는 연료가 가솔린의 3분의 1 수준이며 엔진이 없기 때문에 배기가스가 나오지 않고, 최대 효율이 85%로 가솔린 27%, 디젤 35%보다 높고 충전시간도 전기차와 달리 빠르다. 단점으로는 수소를 생산하는 데 에너지가 많이 필요하고, 수소를 안정적으로 투과하는 팔라듐과 백금, 세륨 확보가 쉽지 않다는 것이다. 또한 수소는 불에 타는 성질이 있기 때문에 자칫 폭발할 수 있다는 위험이 있다. 이러한 단점을 극복해야 대중화될 수 있을 것이다.

수소연료전지차인
토요타 미라이

issue 02

매머드 복제

강석기

서울대 화학과와 동대학원을 졸업했다. LG생활건강연구소에서
연구원으로 근무 했으며, 2000년부터 2012년까지 동아사이언스에서
기자로 일했다. 2012년 9월부터 프리랜서 작가로 지내고 있다.
지은 책으로 『강석기의 과학카페』(1~4권, 2012~2015), 『늑대는
어떻게 개가 되었나』(2014)가 있고, 옮긴 책으로 『반물질』(2013),
『가슴이야기』(2014), 『프루프: 술의 과학』(2015)이 있다.

매머드는
부활할 수 있을까?

육식공룡 티라노사우루스만큼 사람들의 상상력을 자극하는 동물도 없을 것이다. 쥐라기와 백악기에 살던 공룡들을 복원한 테마파크에서 일어나는 일을 그린 마이클 크라이튼의 소설 『쥐라기 공원』(1990년)은 3년 뒤 영화로 만들어져 공전의 히트를 쳤다. 영화 포스터 역시 티라노사우루스가 주인공이다. 영화에서 나무가 분비한 수지가 굳어져 생긴 광물 호박(琥珀)에 갇혀 있는 모기를 꺼내 모기가 빨아먹은 공룡의 피를 회수해 유전정보(DNA) 삼아 공룡을 부활시킨다는 설정은 상당히 '과학적으로' 보였다.

실제로 호박에 갇혀 있는 수천만 년 전 곤충에서 DNA를 회수하려는 시도가 몇 차례 있었지만 모두 실패했다. 수천만 년은 DNA 분자가 견디기에는 너무나 긴 시간으로 밝혀졌다. 대신 공룡의 피부화석에서 단백질을 추출해 아미노산 서열 일부를 밝히는 데는 성공했다. 그럼에도 소설처럼 6600만 년 전 멸종한 티라노사우루스를 부활시키는 일은 절대 일어나지 않을 것이다.

공룡만큼은 아니지만 역시 사람들의 상상력을 자극하는 동물이 있다. 바로 매머드다. 프랑스 남서부 도르도뉴 지역에 있는 루피냑 동굴에는 수만 년 전 이곳을 생활터전으로 삼았던 인류가 그린 벽화가 남아 있다. 주로 사냥감이었을 동물 그림이 많은데 그 솜씨가 보통이 아니다. 이 가운데 특히 눈길을 끄는 건 털이 수북한 매머드 그림으로 대략 1만 3000년 전 '작품'으로 추정된다. 1만 3000년이면 무척 오래전 같지만 45억 년 지구의 역사에서 보면 한순간이다. 당시는 빙하기라 서유럽도 꽤 추웠다. 한편 유럽에서보다 더 많은 매머드가 시베리아를 누볐지만 1만여 년 전에는 자취를 감췄다. 개중에는 섬으로 들어가 고립된 채 살기도 해 시베리아 북쪽에 있는 랭겔섬에서는 불과 3700년 전까지 매머드가 살고 있었다고 한다.

그런데 최근 수년 사이 최신 생명공학기술을 이용해 매머드를 부활시킬 수 있다는 목소리가 여기저기서 들리고 있다. 복제양 돌리를 탄생시킨 핵치환 복제를 이용하면 가능하다는 게 대표적인 주장으로 일본과 러시아 과학자는 물론 우리나라의 황우석 박사 이름도 보인다. 열대 또는 아열대 지역에 살고 있는 현생 코끼리와는 달리 냉대 기후에서 살았던 매머드는 죽어서도 사체가 썩지 않고 보존된 경우가 드물지 않다고 한다. 따라서 시베리아 동토에서 잘 보존된 매머드 사체를 발견하기만 하면 매머드 부활 프로젝트는 일사천리로 진행될 수 있다.

즉 보존상태가 좋은 매머드의 체세포에서 세포핵을 꺼내 아시아코끼리의 세포핵을 뺀 난자에 넣어 적절한 자극을 주면 수정란의 상태가 되면서 배아로 분열한다. 이를 대리모인 아시아코끼

프랑스 루피냑 동굴에 있는 벽화를 보면 매머드가 많이 등장한다. 1만 3000년 전 인류가 그린 그림으로 매머드의 신체 특징이 잘 드러나 있다. (사진 : 위키피디아)

2007년 시베리아에서 발견된 4만 1800년 전 매머드 새끼 류바. 건조로 미라화가 진행됐지만 보존 상태가 매우 좋다. 이처럼 상태가 좋은 매머드가 발견되고 있지만 게놈은 많이 손상돼 있어 핵치환을 할 수 없다. (사진 : 위키피디아)

리의 자궁에 넣어주면 대략 2년의 임신 기간을 거쳐 매머드 새끼가 태어날 수 있다는 것. 참고로 지난 2008년 게놈 해독 결과 매머드는 아프리카코끼리보다 아시아코끼리에 더 가까운 것으로 드러났다.

2000년대 들어 시베리아 곳곳에서 보존상태가 좋은 매머드 사체가 발견됐다는 보도가 잇달았고 몇몇 연구진이 매머드 복제가 임박했다고 장담했음에도 불구하고 2016년 2월 현재 매머드를 복제했다는 소식은 들리지 않는다. 매머드 게놈까지 해독된 마당에 왜 과학자들은 일을 더 진행시키지 못하고 있는 것일까. 난자를 채취하고 대리모 역할을 해야 할 아시아코끼리를 확보하지 못해서일까. 아니면 이런 실험을 수행하는 데 필요한 생명윤리위원회의 동의를 얻지 못해서일까. 매머드 부활 연구의 현주소에 대해 알아보자.

핵치환한 난자 움직임 없어

현재까지 핵치환 방법을 써서 매머드를 복제하려는 연구를 가장 활발하게 진행하고 있는 곳은 일본이다. 1990년대 중반 일본 교토대의 이리타니 아키라 교수는 '매머드창조프로젝트'를 추진해 본격적인 매머드 부활 연구에 착수했다. 이들은 러시아 현지인들의 협조를 얻어 시베리아를 탐사해 2003년 보존상태가 좋은 매머드 사체를 발굴했고 실제 핵치환 실험을 시도하기도 했다. 예비연구로 핵치환 가능성을 보기 위해 쥐의 난자에 집어넣었다. 그러나 매머드 세포핵이 들어 있는 쥐의 난자를 자극해도 아무 일도 일어나지 않았다. 2011년 보존 상태가 더 좋은 매머드 대퇴골이 발굴되자 이리타니 교수는 2016년까지 매머드를 복제할 것이라고 호언장담했지만 물론 2014년 매머드 세포핵이 치환된 난자를 대리모 코끼리에 착상시켰다는 발표는 없었다(임신기간이 2년이므로).

수암생명공학연구원의 황우석 박사도 매머드 복제에 관심을 보여 이미 여러 차례 시베리아를 다녀왔거나 동료 연구원들을 시베리아로 보냈다. 심지어 2012년 3월에는 황 박사팀과 러시아 북동연방대학연구팀이 공동연구를 통해 매머드 복제에 성공했다는 오보가 나오기도 했다. 아무튼 일본과 한국, 러시아의 연구진들은 시베리아 동토 어딘가에 묻혀 있을지도 모르는, 핵치환을 할 수 있을 정도로 보존상태가 완벽한 매머드 시료를 찾을 수 있다는 꿈을 버리지 못하는 것 같다.

부카르도 새끼 태어나자마자 죽어

이들의 꿈을 허황되다고만 할 수도 없는 게 이미 핵치환 방법으로 멸종된 생물을 되살린 시도가 '절반의 성공'을 거뒀기 때문이다. 이처럼 멸종된 종을 되살리는 과정을 '탈멸종de-extinction'이라고 부른다. 스페인과 프랑스 국경 피레네 산맥 일대에는 피레네아이벡스 또는 부카르도bucardo라고 부르는 지역 토착 야생염소가 살고 있었다. 그러나 계속되는 사냥과 서식지 축소로 점점 개체수가 줄어들다가 결국 2000년 셀리아Celia라는 이름의 암컷이 죽으면서 멸종했다.

스페인과 프랑스의 연구자들은 셀리아가 죽기 전 조직을 채취해 냉동보관했고 2003년 핵치환 복제를 시도했다. 전부 285개의 배아를 만들어 54개를 야생염소(아이벡스)와 아이벡스와 염소의 잡종인 암컷에게 이식했지만 두 달 이내에 다 죽었다. 연구자들은 2009년 두 번째 시도를 했고 한 마리가 태어났지만 7분 만에 죽었다. 조사해 보니 폐가 기형이라 질식사한 것이다.

2013년 호주의 뉴캐슬대와 뉴사우스웨일스대 연구자들은 역시 체세포 핵치환 방법을 써서 멸종한 라자루스개구리를 되살리려고 했으나

조직시료 채취

세포핵 추출

난자에 세포핵 주입

대리모에 착상

난자 탈핵

2000년 멸종한
피레네아이벡스(부카르도)의
핵치환 복제를 통해 2009년
새끼가 태어났지만 폐 기형으로
7분 만에 죽었다. 부카르도의
탈멸종 과정 (사진 : 위키피디아).

모두 배아 단계에서 며칠 버티지 못하고 죽었다. 부카르도나 라자루스
개구리 모두 생식력 있는 개체를 만드는 데는 실패했지만 결국 확률의
문제일 뿐 핵치환 방법을 반복해 시도하다 보면 언젠가는 탈멸종도 가
능할 것이다. 그렇다면 매머드라고 이 방법이 안 통할 리가 있을까?

2008년 매머드 게놈이 발표됐을 때 연구자들은 전체 게놈 47억
염기쌍의 70% 정도인 33억 염기쌍을 해독했다고 설명했다. 매머드의
게놈은 사람보다 1.4배 정도 큰 셈이다. 연구자들은 샷건방식을 써서
게놈을 해독했다. 즉 길이가 수십 염기쌍에 불과한 DNA조각들의 염기
서열을 해독한 뒤 그 데이터를 컴퓨터에 입력해 생명정보학 프로그램으
로 염기서열을 재구성하는 방식이다. 소위 말하는 빅데이터 생물학이
다. 샷건방식은 2000년 인간게놈을 해독할 때 인간게놈프로젝트에 맞
서 셀레라의 크레이그 벤터가 사용해 유명해졌다. 샷건방식으로 게놈을
해독하려면 먼저 게놈을 작은 조각으로 깨야 한다.

그런데 2008년 매머드 게놈 해독 실험에서는 이 과정을 건너뛰었
다. 이미 게놈이 무수한 조각으로 깨진 상태였기 때문이다. 매머드 게
놈 조각 대부분은 염기 100개도 안 되는 길이였다. 즉 매머드 게놈은 해
독에는 문제가 없지만 핵치환 복제를 하기에는 너무나 손상이 많이 된

상태란 말이다. 지금까지 확인된 가장 상태가 좋은 매머드 게놈도 DNA 길이가 수백 염기쌍에 불과한 것으로 알려져 있다. 즉 DNA는 아무리 보관상태가 좋아도 시간이 지남에 따라 서서히 깨지기 때문에 보통 1만 년이 넘는 매머드 시료의 경우 온전한 게놈을 기대할 수 없다. 따라서 아직 미련을 버리지 못하고 있는 사람들이 있지만 대부분의 과학자들은 매머드 체세포 핵치환을 통한 탈멸종은 실현가능성이 없다고 보고 있다. 그렇다면 매머드의 부활은 티라노사우루스의 부활만큼이나 허황된 이야기일까?

호주에 살았던 라자루스개구리(사진)는 1980년대 멸종했다. 2013년 보관하고 있던 조직에서 세포핵을 추출해 핵치환 방법으로 되살리려는 시도를 했으나 다들 배아 단계에서 죽어 탈멸종에는 실패했다(사진: 위키피디아).

매머드 고유 염기 변이 140만 곳

꼭 그렇지도 않다. 물론 온전한 매머드 게놈은 없지만 게놈 정보조차 전혀 없는 티라노사우루스와는 달리 매머드 게놈은 정보가 '살아 있기' 때문이다. 즉 티라노사우루스는 표현형의 정보는 있지만(물론 화석이란 불완전한 형태로) 유전형의 정보는 전혀 없는 반면 매머드는 풍부한 표현형 정보와 함께(거의 완벽하게 보존된 사체) 유전형의 정보(게놈 데이터)도 확보하고 있다. 따라서 매머드 게놈을 친척인 코끼리의 게놈과 비교해보면 어떤 유전적 변이가 매머드에 고유한 것인지 파악할 수 있을 것이다.

학술지 《셀 리포트》 2015년 7월 14일자에는 매머드 게놈과 아시아코끼리 게놈을 비교분석한 연구결과가 실렸다. 즉 매머드와 코끼리의 신체적, 생리적 차이를 유발하는 유전적 차이를 밝힌 것이다. 연구자들은 아시아코끼리 세 마리와 매머드 두 마리의 게놈을 해독한 뒤 가장 먼저 해독된 아프리카코끼리의 게놈을 기준으로 해서 배열하고 그 차이를 분석했다. 참고로 외모가 튀는 매머드가 두 코끼리 종의 먼 친척 같지만 실제로는 공통조상에서 660~880만 년 전 아프리카코끼리가 먼저 떨어져 나가고 580만~770만 년 전 아시아코끼리와 매머드가 갈라졌다. 사람이 고릴라와 침팬지의 먼 친척 같지만 실제로는 고릴라가 먼저 떨어져 나가고 뒤에 사람과 침팬지가 갈라진 것과 비슷하다.

매머드는 100~200만 년 전 서식지를 시베리아와 북미 툰드라 지역으로 확장하면서 추위에 적응하기 위해 진화했다. 즉 표면적을 줄여 열손실을 최소화하기 위해 귀와 꼬리가 작아지고 굵고 긴 털이 무성하게 났다. 그리고 피지샘이 많아지면서 피지를 다량 분비해 방수와 단열 효과를 냈다. 또 지방층도 두꺼워졌고 목 뒤에는 지방을 태우는 갈색지방조직도 잘 발달해 겨울에는 영하 30~50도까지 내려가는 혹한을 견뎌낸 것으로 보인다. 열대와 아열대 지방에 살던 동물이 이런 조건에서 적응하는 과정에서 게놈에는 어떤 변화가 일어났을까?

미국 시카고대와 펜실베이니아대 등의 공동연구자들은 아프리카코끼리, 아시아코끼리, 매머드 세 종에서 단일염기변이 자리 3300만 곳을 확인했다. 즉 DNA염기가 서로 다른 곳이 무려 3300만 곳이나 된다

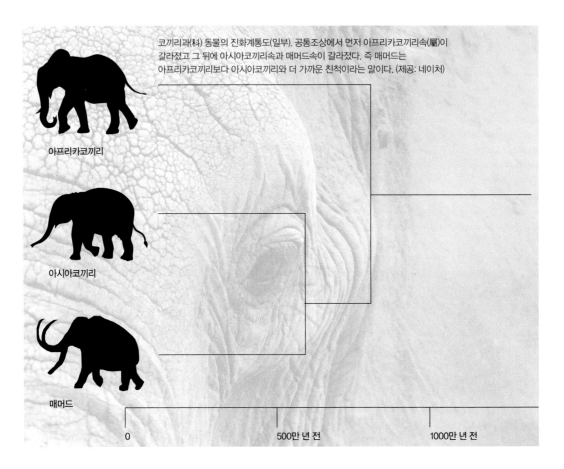

코끼리과(科) 동물의 진화계통도(일부). 공통조상에서 먼저 아프리카코끼리속(屬)이 갈라졌고 그 뒤에 아시아코끼리속과 매머드속이 갈라졌다. 즉 매머드는 아프리카코끼리보다 아시아코끼리와 더 가까운 친척이라는 말이다. (제공: 네이처)

아프리카코끼리

아시아코끼리

매머드

0   500만 년 전   1000만 년 전

는 말이다. 이 가운데 매머드에 고유한 변이는 140만 곳이었다. 게놈 상의 DNA 염기 변이가 유전자의 아미노산 변이로 이어지는 경우를 확인한 결과, 1642개의 유전자에서 아미노산이 바뀌었고 26개 유전자에서는 변이로 중간에 정지 코돈이 들어가면서 기능을 상실한 것으로 나타났다. 매머드에 고유한 변이 가운데 이런 적응과 관련된 것으로 보이는 대표적인 예로 열을 감지하는 TRPV3 유전자의 변이를 들 수 있다. 연구자들은 매머드의 TRPV3 유전자를 사람 세포에 넣어 배양한 뒤 온도에 따른 반응을 조사했는데 코끼리의 TRPV3 유전자에 비해 열에 둔감한 것으로 나타났다. 추운 곳에 살다보니 더위에 반응할 필요가 없게 된 셈이다. 한편 이 유전자의 매머드 변이형은 몸의 털이 많이 나게 하는 데도 관여하는 것으로 밝혀졌다.

한편 매머드에서는 생체시계와 관련된 유전자도 변화를 겪은 것으로 나타났다. 매머드가 극지방으로 서식지를 옮기면서 여름에는 해가 거의 지지 않고 겨울에는 해가 거의 뜨지 않는 환경에 놓임에 따라 일출과 일몰을 신호로 하는 하루 24시간 리듬을 감지하는 유전자가 필요 없어졌기 때문이다. 이런 변이는 스발바르순록처럼 극지방에 사는 다른 동물들에서도 관찰된다.

체지방과 관련된 유전자 가운데 변이가 확인된 것도 54개에 이른다. 지방의 양과 몸에서 축적되는 부위를 결정하는 데 관여하는 유전자들이다. 결국 이런 변이들이 쌓이면서 매머드는 새로운 환경, 즉 시베리아 같은 추운 기후에 적응하며 200만 년 가까이 살아남았다. 그렇다면 이런 정보는 매머드의 부활에 어떤 도움을 줄 수 있을까?

코끼리 게놈편집 이미 진행 중

최근 몇몇 과학자들은 핵치환 복제가 아니라 게놈편집이라는 기술을 이용해 매머드를 부활시키려고 하고 있다. 게놈편집genome editing은 게놈의 특정 부위를 찾아가 자르는 소위 '유전자가위'를 이용해 해당 DNA염기서열을 원하는 서열로 바꿔치기하는 방법이다. 유전자가위는 현재 3세대까지 나와 있다.

1990년대 처음 소개된 1세대 유전자가위 ZFN은 DNA의 특정 염기서열에 달라붙는 아연집게단백질zinc finger protein에 제한효소restriction enzyme에서 DNA가닥을 자르는 활성을 띠는 부분을 붙인 합성단백질이다. 즉 ZFN의 아연집게가 게놈에서 표적을 찾아가 빨래집게처럼 집고 있는 동안 제한효소 부분이 가닥을 댕강 자른다. 그러면 세포의 복구 시스템이 작동해 잘린 부분을 다시 이어주는데, 이때 그 부분과 비슷한 염기서열이 주변에 있으면(ZFN과 함께 넣어준 DNA가닥) 이를 참조해 복구하면서 원하는 서열로 바뀌는 것이다.

유전자가위 2세대인 TALEN(탈렌)도 세부 사항은 다르지만 기본 원리는 ZFN과 비슷하다. 다만 이 두 방법은 다루기가 까다로워 노하우가 있는 소수의 생명과학자들만이 사용할 수 있었다. 그런데 2013년 3세대 유전자가위 크리스퍼/카스9(CRISPR/Cas9)가 등장하면서 게놈편집 기술이 전면에 등장했다.

크리스퍼/카스9는 단백질과 RNA의 복합체로 1세대, 2세대 유전자가위와 다른 점은 단백질이 아니라 RNA 가닥이 타깃이 되는 게놈 위치를 찾는다는 것. 즉 염기 20여 개 길이의 RNA서열만 바꿔주면 원하는 자리에서 '게놈편집'을 할 수 있다. 반면 ZFN과 TALEN은 단백질이 게놈 서열을 인식하므로 원하는 위치에 가려면 아미노산 서열을 바꿔 단백질의 3차원 구조를 바꿔야 하므로 상당히 복잡한 작업이다. 그렇다면 게놈편집 기술로 매머드를 어떻게 부활시킬 수 있을까?

답은 매머드 게놈이 아니라 아시아코끼리 게놈을 이용해 매머드를 만드는 것이다. 즉 매머드에서 필요한 건 게놈 자체가 아니라 게놈이 지닌 정보라는 말이다. 아시아코끼리 게놈에서 매머드 게놈과 차이가 있는 부분을 게놈편집 기술을 써서 매머드 게놈 서열로 바꿔치기하면 아시아코끼리 게놈이 매머드 게놈으로 바뀌는 셈이다. 이렇게 '편집된' 게놈을 지닌 세포핵을 치환해 수정란을 만들어 대리모 코끼리에게 이식

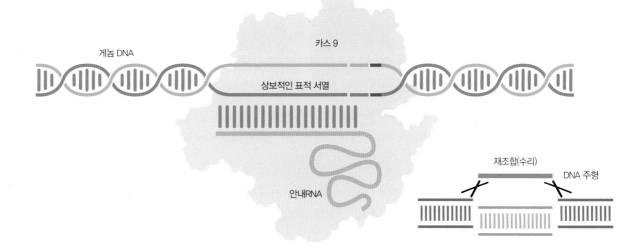

게놈 DNA

카스 9

상보적인 표적 서열

안내RNA

재조합(수리)

DNA 주형

3세대 유전자가위인 크리스퍼/
카스9의 작동 메커니즘. 세포에
카스9 단백질과 안내RNA,
DNA주형을 넣어주면 카스9
단백질이 게놈에서 안내RNA와
염기서열이 상보적인 부분(표적
서열)을 찾아가 게놈을 절단한다.
세포는 손상된 게놈을 수리하는
과정에서 DNA주형을 참조한다. 그
결과 게놈의 특정 위치를 원하는
염기서열로 바꿀 수 있다.

해 매머드 새끼를 본다는 전략이다.

　'매머드에 고유한 변이가 140만 곳인데 아무리 게놈편집 기술이 쉬워졌다고 해도 어떻게 다 바꿀 수 있지?' 이런 의문이 들 텐데 당연한 반응이다. 실제 아시아코끼리 게놈에서 140만 곳을 다 매머드의 서열로 바꿔치기한다는 것은 불가능한 일이다. 그렇다면 게놈편집으로 어떻게 아시아코끼리 게놈을 매머드의 게놈으로 변신시킬 수 있을까?

종의 부활이 아니라 생태적 지위의 부활

　물론 140만 곳을 다 바꾼다는 건 현실적으로 어려운 얘기다. 대신 유전자의 아미노산을 바꾸는 변이만을 고려할 경우 일이 크게 줄어들 것이다. 그럼에도 1600여 개의 유전자를 편집한다는 것 역시 쉽지 않은 일이다. 미국 산타크루즈 캘리포니아대 생태학·진화생물학과 베스 샤피로 교수는 2015년 4월 'How to Clone a Mammoth(매머드를 어떻게 복제할까)'라는 흥미로운 제목의 책을 출간했다(같은 해 10월 한글판이 나왔는데 책 제목이 좀 엉뚱하게 『쥬라기 공원의 과학』으로 바뀌었다). 제목(원서) 그대로 매머드를 비롯한 멸종한 동물들을 부활시키는 탈멸종의 과학을 다루고 있다.

샤피로 교수는 책에서 게놈편집 기술을 이용한 전면적인 바꿔치기는 불가능할 뿐 아니라 꼭 필요한 일도 아니라고 주장했다. 즉 과학자들이 현실적으로 생각하는 매머드 부활이란 과거 시베리아 대륙을 누비던 매머드 종을 부활시키는 게 아니라 매머드가 살았던 환경에서 살 수 있는 아시아코끼리의 변이체를 만드는 일이라는 것이다. 즉 아시아코끼리의 게놈에서 수십 또는 수백 곳을 편집해 열대지역이 아니라 냉대지역에 적합한 코끼리를 만들어낸다는 말이다. 그리고 이때 선택할 유전자들이 바로 학술지《셀 리포트》에서 집중적으로 다룬 유전자들이다. 놀랍게도 게놈편집 기술로 아시아코끼리 게놈의 유전자를 매머드의 유전자로 바꿔치기하는 작업이 이미 진행되고 있다. 그 주인공은 3세대 유전자가위인 크리스퍼/카스9 기술을 개발한 주역 가운데 한 사람인 미국 하버드대 유전학자 조지 처치 교수다. 처치 교수팀은 게놈편집 기술로 아시아코끼리의 유전자 14개를 매머드 버전으로 바꿔치기했는데 그

결과 편집된 게놈을 지닌 코끼리가 추위에 좀 더 잘 견딜 수 있을 것으로 예상했다. 이런 식으로 과거 매머드가 살았던 환경에서 살아남을 수 있게 게놈을 편집한 체세포핵을 치환한 수정란을 대리모 코끼리에게 착상시킬 날도 머지않은 것으로 보인다.

그런데 이런 식으로 매머드, 정확히는 매머드의 특징을 지닌 코끼리를 만드는 게 과연 의미가 있는 일일까(물론 현재로서는 성공 여부도 불확실하다)? 어쩌면 매머드에 대해 환상을 품고 있는 사람들을 대상으로 한 일종의 사기가 아닐까? 샤피로 교수는 책에서 이런 생태적 복원도 의미가 크다고 주장한다. 즉 시베리아 같은 넓은 냉대지역에서 거대 포유류가 사라지면서 생태계의 균형이 깨졌는데, 매머드의 특징을 지닌 코끼리를 다시 도입하면 생태계가 복원될 수 있다는 것.

물론 이런 움직임에 대해 모두가 따뜻한 시선을 보내는 건 아니다. 지금은 이미 멸종한 동식물을 부활시키기 위해 노력할 때가 아니라 멸종위기에 놓여 있는 수많은 동식물을 구하는 데 집중해야 할 때라는 말이다. 진짜 탈멸종도 아닌 유사종을 만드느라 들어갈 돈(연구비)이면 많은 멸종위기종을 구할 수 있다는 주장이다. 생각해 보면 틀린 말도 아니다.

그러나 한편으로는 연구비가 꼭 제로섬게임zero-sum game인 건 아니라는 생각이 든다. 즉 탈멸종 프로젝트로 연구비가 흘러들어간다고 해서 그만큼 멸종위기종 보호에 들어가는 재원이 줄어드는 건 아니라는 말이다. 오히려 매머드처럼 대중의 관심을 끄는 동물이 부활한다면(비록 매머드의 특징을 지닌 아시아코끼리일지라도) 이를 계기로 멸종위기종에 대한 관심이 더 커질 수도 있을 것이다. 매머드 새끼 탄생이 2020년 최고의 과학뉴스로 꼽히는 즐거운 상상을 해본다.

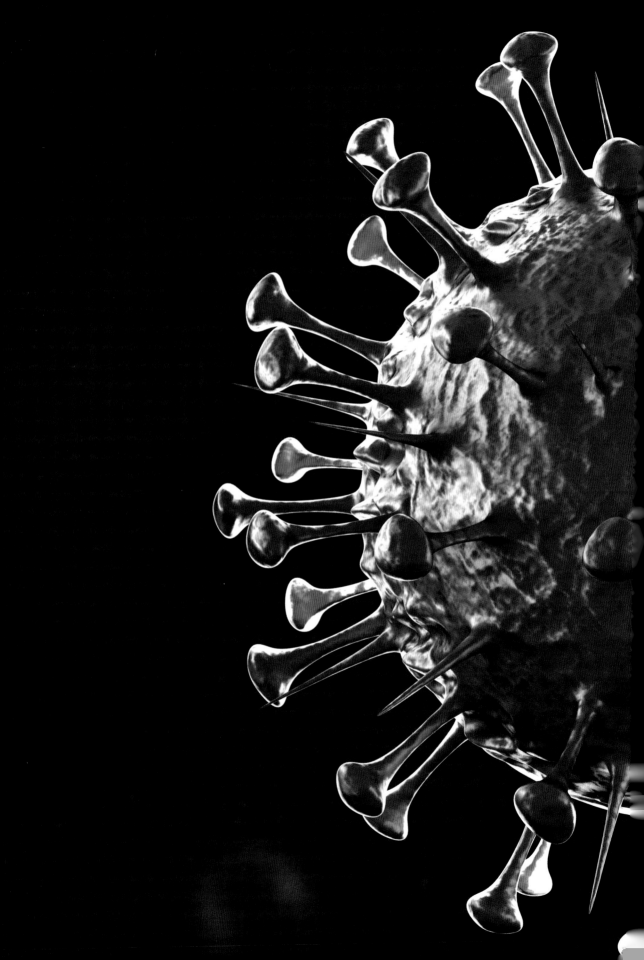

메르스와
지카바이러스

이은희

연세대학교 대학원에서 신경생리학 석사를 취득하고 고려대학교
과학기술학협동과정에서 과학언론학 전공으로 박사 과정을
수료했다. 현재는《한겨레》에 〈하라하라의 눈을 보다〉를 연재하며
한양대에서 과학철학을 강의하고 있다. 저서로는 『하리하라의
생물학 카페』 등이 있고, 한국과학기술도서상을 수상했다.

코로나바이러스와 소두증 유발 바이러스의 습격

사건 1. 2003년 1월, 중국 광둥성 지역의 한 병원에 심한 기침과 고열 증상을 보이는 환자가 실려 왔다. 서른일곱 살의 새우장수라고 알려진 남자는 2002년 가을 경부터 이 근방에서 종종 나타나는 비전형폐렴(非典型肺炎)의 증상을 보였다. 의사들은 즉각 폐렴의 표준 치료법에 준해 환자에게 치료를 시도했지만, 그의 기침은 잦아들지 않았다. 그가 기침을 할 때마다 그의 폐를 가득 채우고 있던 정체불명의 바이러스가 공기 중으로 퍼져나갔고, 이들의 정체를 알지 못하던 의료인과 근처 환자들 130여 명의 호흡기 속으로 소리 없이 빨려 들어갔다. 신장병을 주로 진료하던 의사 류 잔룸 박사도 그중 하나였다. 이후 전 세계를 들썩이게 만들 신종 바이러스를 품고 있는 걸 알지 못했던 류 박사는 친척의 결혼식에 참석하기 위해 비행기를 타고 홍콩으로 갔고, 호텔에 위험한

바이러스를 풀어놓은 장본인이 되고 말았다. 세계 각국에서 홍콩을 방문했던 사람들은 호텔을 떠나 고향으로 돌아가면서 이 미지의 바이러스와 동행하게 되었고, 이는 바이러스의 확산을 가속화시켰다. 이 새로운 바이러스는 전 세계 37개국에서 8237명을 감염시켰고, 이 중 775명의 삶을 앗아가고는 2004년 1월 종적을 감추었다. 중증급성호흡기증후군 (Severe Acute Respiratory Syndrome), 일명 사스SARS의 등장이었다.

사건 2. 2012년 6월, 사우디아라비아의 한 병원에서 정체 모를 폐렴에 시달리던 60세 남성이 숨졌다. 노인들의 경우, 면역계가 약화되어 폐렴이 악화되어 사망하는 일이 종종 있었기에 당시까지만 하더라도 이것이 커다란 위험의 전조라고 생각하는 사람은 많지 않았다. 하지만 정체불명의 폐렴 증상은 사람들의 예상을 뒤엎고 사우디 전역으로 확산되어 갔고, 요르단과 시리아 등 근처의 다른 나라들로 번져나갔다. 당시 중동 지역의 환자들 중에는 유난히 위독한 환자들이 많아서 이 정체 모를 폐렴의 사망률은 50% 가까이 치솟기도 했다. 그리고 2015년 5월, 중동 지역과 멀찌감치 떨어져 있어 안전지대라고 여겼던 우리나라에서도 미지의 폐렴 환자가 발생했다. 40여 일 동안 전국을 강타했던 정체불명의 폐렴은 186명을 고통 속에 빠트렸고, 이 중 38명의 목숨을 앗아간 뒤 자취를 감추었다. 하지만 아직 이 폐렴 바이러스의 그림자는 완전히 사라지지 않아서 2016년 2월 기준으로 전 세계 27개국에서 1625명의 환자를 발생시켰고, 이 중 586명이 사망함으로써 치사율 36.1%라는 높은 위험성을 가지며 여전히 인류에게 위협을 가하고 있다. 중동호흡기증후군(Middle East Respiratory Syndrome), 일명 메르스MERS는 아직 현재진행형이다.

21세기 들어 10여 년의 시간차를 두고 발생해 사람들을 공포로 몰아간 두 종의 바이러스가 있다. 하나가 중증급성호흡기증후군(이하 사스)를 일으키는 사스바이러스와 중동호흡기증후군(이하 메르스)를 일으키는 메르스바이러스였다. 이 두 바이러스는 상당히 많은 공통점이 있어서 많은 이들에게 비교 대상이 되고 있다. 물론 차이점도 있다. 가장 큰 차이는 치사율이다. 사스의 치사율은 9.4%이나, 메르스의 치사율은 36.1%로 메르스의 치사율이 4배나 높다. 하지만 공통점이 더 많다. 첫째, 감염 초기에는 발열, 기침, 오한 등 일반적인 감기 증상을 보이다가 폐렴이나 호흡부전증후군 등의 심각한 합병증을 일으킬 수도 있다는 것. 둘째, 전체 환자의 1/4 정도에게서 설사와 구토 같은 소화기 증상이 동반된다는 것. 셋째, 잠복기(사스는 2~10일(평균 4.6일), 메르스는 2~14일(평균 5.2일)) 중에는 타인에게 전염시키지 않는다는 것. 넷째, 동물로부터 유입된 질환(사스: 사향고양이, 메르스: 낙타, 박쥐)이지만 사람에게서 사람으로 전파도 가능하다는 것. 다섯째, 효과적인 예방 백신이나 치료제가 아직까지는 없다는 것. 여섯째, 전 연령에서 발병하기는 하지만 성인 환자가 대부분(사스 93%, 메르스 98&%)이라는 것 등이다. 메르스가 '중동의 사스'라는 별명으로 불렸던 이유가 이 때문이다. 이 두 질병이 이토록 유사점이 많은 것은 이들이 원인이 유사하기 때문이다. 이 두 질병 모두 변종 코로나바이러스에 의해 발생된 질환이다. '지피지기(知彼知己)면 백전백승(百戰百勝)'이라는 말이 있듯이 이들 질병에 대한 본질을 파악하기 위해서는 먼저 이들에 대해 알 필요가 있다. 도대체 코로나바이러스란 어떤 존재이며, 어떻게 인류와 관계를 맺게 되었는가?

바이러스의 정의와 특성

코로나바이러스의 정체를 밝히려면 먼저 바이러스라는 존재에 대한 개념 정립이 필요하다. 1879년 독일의 화학자 아돌프 마이어(Adolf E. Mayer, 1843~1942)는 담배 농사를 짓는 농민들로부터 담배에 생기는 이상한 질병을 조사해 달라는 부탁을 받았다. 조사에 착수한 마이어는 이 병이 담배 잎에 이상한 반점을 만들고, 결국 잎을 말라죽게 만든다고 하여 이를 '담배모자이크병tabbaco mosaic disease'라는 이름을 붙이고, 병든 담배의 잎에서 추출한 수액이 병을 전염시킬 수 있음을 찾아냈지만 구체적으로 수액 중에 어떤 성분이 병을 일으키는지 찾아내지는 못했다. 그로부터 13년 뒤인 1892년, 러시아의 식물학자 드미트리 이바노프스키(Dmitri I. Ivanovsky, 1864~1920)는 역시 담배모자이크병에 걸린 담배를 연구하던 중 병든 담배에서 추출한 수액을 세균여과기에 통과시켜 모든 세균들을 걸러낸 뒤에도 여전히 전염성을 가지고 있다는 사실을 발견하고, 이에 담배모자이크병의 원인은 세균이 아니라 액체 형태의 독성 물질일 것이라 추측하고 이에 바이러스virus라는 이름을 붙여주었다. 고대 라틴어로 바이러스란 '독'이라는 뜻이었다. 1898년 네덜란드의 미생물학자 마르티누스 베이예린크(Martinus W. Beijerinck, 1851~1931) 역시도 담배모자이크병에 걸린 개체의 수액에서 감염성 물질의 존재를 확인했다. 그는 한 발 더 나아가 이 존재가 살아 있는 세포에서만 증식될 수 있다는 사실을 밝혔다. 그는 이 미지의 존재에 '살아 있는 독성 물질contagious living fluid'라는 이름을 붙였다. 이 당시는 이미 루이 파스퇴르(Louis Pasteur, 1822~1895)와 로베르트 코흐(Robert H. Koch, 1843~1910)에 의해 '하나의 전염성 질병에는 그 원인이 되는 세균이 존재한다'는 '세균전염체설'이 확립되던 시기였다. 하지만 이들의 눈앞에 있는 결과가 보여주는 것은 세균이 아닌 다른 존재의 존재 증거였다. 세균보다 훨씬 더 작지만, 더 강력한 무언가가.

마르티누스 베이예린크

이처럼 이미 19세기 말엽에 바이러스에 대한 존재 가능성은 시사되고 있었지만, 바이러스의 존재가 확증된 것은 1930년대 들어서였다. 이유는 바이러스가 지나치게 작기 때문이다. 사람의 세포 크기는 평균 20~100마이크로미터(㎛) 정도이고, 세균은 이보다 작은 1~10마이크로미터 수준이다. 육안으로 구분할 수 있는 최소 크기는 사람마다 좀 다르긴 해도, 0.1밀리미터 정도 되기 때문에 육안으로는 세균을 볼 수 없지만, 광학현미경을 이용한다면 세균의 존재는 충분히 확인할 수 있

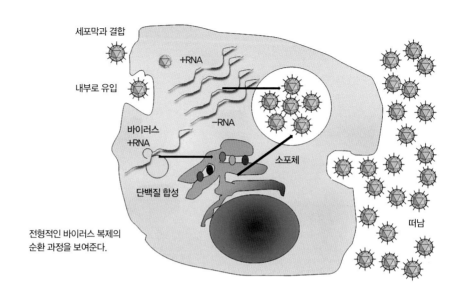

세포막과 결합

내부로 유입

바이러스
+RNA

+RNA

−RNA

단백질 합성

소포체

떠남

전형적인 바이러스 복제의
순환 과정을 보여준다.

다. 하지만 바이러스의 평균 크기는 이보다 훨씬 작은 10~300나노미터
(㎚) 정도이기 때문에 최대 배율이 1000배에 불과한 광학현미경으로는
관측할 수가 없다. 그래서 바이러스의 존재는 이보다 배율이 훨씬 더 큰
전자현미경(최대 배율 100만 배)이 개발된 이후에야 가능해졌다.

바이러스는 생물과 무생물의 특징을 모두 갖춘 개체로, 기본적으
로 단백질로 구성된 외피 안에 유전물질인 핵산(DNA 혹은 RNA)이 든
단순한 구조다. 단독으로는 생명 활동을 수행하지 못하나, 숙주가 되는
세포에 유입하면 숙주세포의 생명 활동 과정에 기생해 유전물질과 단백
질 외피를 복제해 개체수를 증식시킨다. 바이러스의 생활사를 간단히
정리해 보면, 그림과 같다. 단백질 결정 형태로 존재하던 바이러스들이
숙주세포를 만나면 숙주세포의 세포막과 결합한 뒤, 내부로 유입된다.
숙주세포 안으로 들어간 바이러스는 먼저 이제껏 자신을 보호해준 단백
질 외피를 벗어버리고 숙주세포의 유전물질 복제 기능과 단백질 생성
기능을 이용해 자신의 유전물질과 단백질 외피를 잔뜩 만들어낸 뒤, 이
들을 다시 조립해 자신과 닮은 바이러스 세포들을 증식시킨다. 바이러
스의 숫자가 포화 상태가 되면 이들은 숙주세포를 떠나 다른 숙주세포
를 다시 감염시키면서 생명 활동을 이어나간다. 이처럼 바이러스의 기

본 생활사가 숙주세포에 침투해 이들의 유전자 복제 기능과 단백질 생성 기능을 교란시킨 뒤 탈출하는 과정으로 구성되어 있기 때문에 이 과정에서 숙주세포의 유전 정보를 교란시키거나, 세포 용혈을 촉진시켜 여러 가지 다양한 질병의 원인이 되기도 한다.

바이러스는 대상 숙주가 동물인지 식물인지 미생물지에 따라 동물 바이러스, 식물 바이러스, 박테리오파지 등으로 나뉠 수 있으며, 유전물질의 종류에 따라 분류되기도 한다. 일반적으로 바이러스는 생물 분류 체계에 따라 목order 이름에는 바이러스 이름 뒤에 −virales를, 과family 이름에는 −viridae를, 아과subfamily 이름에는 −virunae를 속genus과 종species 등에는 virus를 붙여 명명한다. 예를 들자면, 코로나바이러스는 니도바이러스목Nidovirales, 코로나바이러스과 Coronaviridae, 코로나바이러스아과Coronavirinae에 속하는 바이러스들을 의미하는 말이다.

섬뜩한 죽음의 왕관, 코로나바이러스

코로나바이러스는 1937년 호흡기 질환을 앓던 닭에서 처음 발견되었다. 당시 이 바이러스를 발견한 이는 이 바이러스의 외피 주변을 감싸고 많은 돌기들이 돌출되어 있는 모양이 꼭 왕관을 닮았다고 생각한 모양이다. 이 미지의 바이러스에 라틴어로 '왕관'이라는 뜻을 지닌 코로나corona를 따라 이름을 붙여준 것을 보면 말이다. 이후 비슷한 모양의 '관(冠)'을 쓴 것 같은 바이러스들이 닭과 칠면조 같은 가금류뿐 아니라 개, 소, 고양이, 쥐, 말 등 네발짐승에게도 차례로 발견되었으며, 사람에게서는 1960년대 감기 환자의 시료를 조사하던 중에 처음 등장했다.

코로나바이러스가 속하는 니도바이러스목에 속하는 바이러스들은 기본적으로 척추동물의 세포를 숙주로 삼는 동물성 바이러스로 양성−극성 외가닥 RNA 바이러스((+)ssRNA)로, 바이러스 분류 과정에서 Ⅳ 그룹에 속하는 바이러스이다. 1971년에 제정된 바이러스 분류 기준

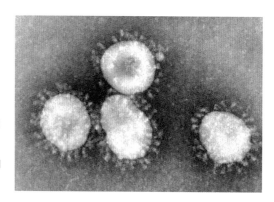

메르스는 변종 코로나바이러스가 일으킨다. 1960년대 발견된 코로나바이러스는 표면 단백질이 돌출돼 있는 모습이 왕관처럼 보여 이런 이름이 붙었다. 주로 감기 같은 가벼운 질병을 일으키지만 최근 사스와 메르스의 원인 바이러스로 밝혀지면서 재조명되고 있다. − 미 질병통제예방센터(CDC) 제공

인 볼티모어 분류에 따르면, 바이러스는 유전물질의 종류, 핵산 가닥의 개수, 복제 방식에 따라 모두 7개의 군으로 나뉘는데, 코로나바이러스는 그중에 네 번째 타입이 속하는 바이러스다.

일반적으로 모든 생명체는 유전물질로 DNA를 가지지만, 바이러스의 경우에는 유전물질이 DNA일 수도 있고 RNA일 수도 있으며, 이중가닥일 수도 있고 단일가닥일 수도 있다. 코로나바이러스는 유전물질로 RNA 단일가닥을 가지는데, 이때 RNA는 다시 극성에 따라 양성(+)과 음성(−)으로 나뉠 수 있다. 일반적으로 DNA가 RNA에 비해 안정적이기 때문에 변이가 적으며, 따라서 바이러스에 대한 안정적인 백신을 만들기가 상대적으로 더 용이하다. 예를 들자면 수천 년 동안 인류를 괴롭혀 왔던 천연두의 경우, 질병의 원인인 두창바이러스가 이중가닥 DNA 바이러스(그룹 I)에 속하기에 백신의 효력이 오래 지속될 수 있었고, 이로 인해 인류가 백신을 통해 퇴치한 최초의 바이러스가 되었다. 하지만 유전물질로 RNA를 가지는 경우는 이보다 조금 더 복잡하다. RNA 바이러스에 대해서도 백신을 제조하는 것은 가능하지만, RNA는 DNA에 비해 안정성이 떨어지고 변이가 심하게 일어나 백신의 효력이 오래 지속되지 못한다. 예를 들어 계절성 독감의 원인이 되는 인플루엔자 바이러스는 RNA 유전물질로 가지는 바이러스(그룹 V)여서 변이가 자주 일어나 매해 유행하는 바이러스의 유전자 구조가 조금씩 달라진다. 그래서 평생 1회만 접종하면 되는 천연두 백신과는 달리 독감 백신은 매해 다시 맞아야 하는 번거로움이 있다.

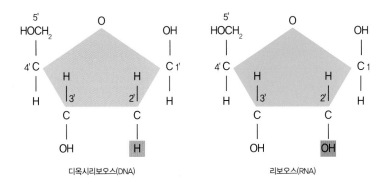

디옥시리보오스(DNA)　　　　리보오스(RNA)

DNA가 RNA보다 안정적이고 변이가 적은 이유는 이들의 화학적 구조에 있다. DNA와 RNA는 모두 핵산의 일종으로 당과 염기, 인산으로 이루어져 있다. 이때 중심 구조인 당이 리보오스이면 RNA, 디옥시리보오스라면 DNA가 된다. 오각형의 당 구조를 이루는 5개의 탄소 중 2번 탄소에 결합한 분자가 수산화기(-OH)이면 리보오스이며, 2번 탄소에 수소(-H)가 결합하면 디옥시리보오스가 된다. 디옥시deoxy라는 단어 자체가 '산소(oxygen)가 빠진(de-)'이라는 뜻으로, 디옥시리보오스란 리보오스의 2번 탄소에 결합한 수산화기(-OH)에서 산소가 제거되고 수소만 남았다는 의미를 지닌다. 사실 이 차이는 우리가 생각하기에는 그다지 큰 차이가 아니지만, 화학적으로는 큰 의미를 가진다. 일반적으로 생명체들은 DNA 분자나 RNA 분자들을 여러 개 이어붙인 구조로 유전정보를 저장하는데, 이때 각각의 분자들은 3번 탄소의 수산화기(-OH)를 접점으로 하여 길게 이어진다. DNA의 경우 결합에 참여할 수 있는 수산화기가 3번 탄소에 1개밖에 없기 때문에 안정적인 결합이 이어질 수 있지만, RNA의 경우 수산화기가 3번뿐 아니라 2번에도 존재하기 때문에 결합 과정에서 오류가 일어날 확률이 높고, 이렇게 핵산 결합 과정의 오류가 누적되면 이는 개체의 돌연변이로 이어지게 된다. 일반적인 생명체들이 DNA를 유전물질로 삼는 이유가 이 때문이다. 유전물질을 구성하는 DNA의 개수가 워낙 많기 때문에(인간의 경우 약 30억 개의 DNA 분자가 유전물질을 이룬다), 이들은 복제 과정에서 발생할 수 있는 오류를 줄여 종의 특성을 보존하고자, 비교적 안정적인 DNA

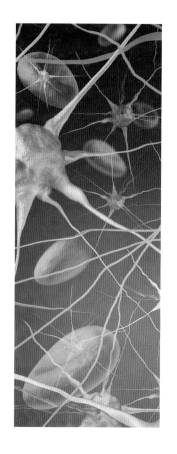

를 유전물질로 갖는 형태로 진화해 왔다. 일반적으로 돌연변이는 생존에 불리한 경우가 많기 때문이다. 하지만 바이러스 중에는 정확히 이 전략을 거꾸로 이용해 생존을 도모하는 종류도 있다. 숙주세포에 기생해야만 살 수 있는 바이러스의 경우에는 너무 안정적이면 오히려 생존에 방해가 될 수도 있다. 예를 들어, 적군이 늘 성문 쪽으로만 공격해 온다면 성을 지는 사람들은 모든 병력을 성문에만 집중 배치해서 이들이 성으로 들어오지 못하게 막을 수 있다. 하지만 적군이 어떤 때는 성문을 뚫고 들어오려 하지만, 다른 때는 성벽에 구멍을 뚫거나 성벽을 기어오르는 방법을 사용하기도 하고, 때로는 성벽 위로 날아서 직접 침투하는 방법 등 그때그때마다 다양한 전략을 사용한다면, 이를 완벽하게 막기는 매우 어려울 수밖에 없다. 어차피 바이러스는 자신에게 꼭 맞는 숙주세포 속으로 들어갈 수 없으면 생명 활동이 불가능하므로, 안정성보다는 숙주세포가 자신의 침입을 막지 못하게 하는 것이 생명 활동을 이어가는 데 더 중요하다. 그래서 바이러스 중 일부는 오히려 복제 과정에서 필연적으로 실수가 잦을 수밖에 없는 RNA를 유전물질로 선택해서 일부러 돌연변이를 많이 만들어내어 급박하게 변하는 숙주의 대응 전략을 우회하는 방법을 선택하는 것이다. 사스와 메르스를 일으키는 코로나바이러스도 역시 돌연변이가 잦은 RNA 바이러스다. 이는 다시 말해, 코로나바이러스 역시 변이도가 높을 수 있다는 뜻이다. 그나마 다행인 것은 유전물질 복제시 오류가 많이 일어날 뿐 아니라, 오류를 다시 확인하지도 않아 한 번 일어난 돌연변이가 자꾸 누적되는 인플루엔자 바이러스와는 달리 코로나바이러스는 복제 오류를 수정하는 시스템을 초보적이나마 가지고 있다는 것이다. 물론 이는 사람의 유전물질 복제과정에서 일어나는 오류 교정 시스템Proof Reading처럼 정교하지는 않지만, 그래도 오류를 줄이는 데 도움이 된다. 예를 들어 유전물질 복제 과정을 수없이 많은 수학 문제를 푸는 학생으로 바꿔 보자. 수십억 개의 수학 문제를 풀면서 자신의 답이 맞는지 틀리는지 전혀 다시 쳐다보지 않는 학생이 인플루엔자 바이러스라면, 문제를 다 푼 뒤에 되돌아가 아까

헷갈렸던 몇몇 문제를 골라 다시 검산해 보는 학생이 코로나바이러스다. 물론 사람의 세포는 문제 전체를 정답지와 비교하면서 꼼꼼하게 틀린 답을 골라내 고치는 '성실한' 학생에 비유할 수 있을 것이다.

사스와 메르스, 코로나바이러스의 무서운 변신

2003년, 중국에서 발생한 사스의 원인이 코로나바이러스로 밝혀졌을 때 의외로 생각하는 사람들이 많았다. 사실 코로나바이러스는 동물들에게 매우 흔한 바이러스로 소나 개가 각각 소 코로나바이러스 Bovine coronavirus나 개 코로나바이러스Canine coronavirus에 감염되면 심한 설사를 하게 되고, 종종 어린 송아지나 강아지의 경우 탈수증으로 사망하는 경우는 있지만, 사람에게 감염되는 코로나바이러스들이 심각한 이상을 일으키는 경우는 거의 없었기 때문이다. 실제로 코로나바이러스는 일반적인 감기 증상을 일으키는 원인 중 15% 정도를 차지하지만, 코로나바이러스에 의한 감기는 증상 자체도 무겁지 않고 심각한 합병증으로 이환되는 경우도 드물다. 조류독감이나 신종플루를 일으키는 오소믹소바이러스처럼 전염력이 높은 것도 아니고, 에볼라바이러스처럼 치사율이 높은 것도 아니어서 별다른 관심을 두지 않았던 것이다. 이는 사스나 메르스의 원인이 코로나바이러스로 밝혀진 뒤에도 다른 바이러스성 질환에 비해 아는 것 자체가 적었던 이유가 애초에 이 바이러스에 별로 관심이 없었기 때문이기도 하다. 이런 현상에 대해 홍콩대 미생물학자인 재스퍼 챈Jasper Fuk-Woo Chan은 "코로나바이러스가 일으키는 질병에 대해 특별한 치료법이 없는 이유는 증세가 너무도 미미해 그동안 아무도 관심을 보이지 않았기 때문이다"라는 말로 정리한 바 있다. 그렇다면 오랫동안 존재감 없이 조용히 살던 코로나바이러스가 갑자기 사람들에게 심각한 증상을 일으키는 무서운 바이러스로 변모한 이유가 무엇일까?

비교적 얌전한 편이었던 코로나바이러스가 갑작스레 난폭해진

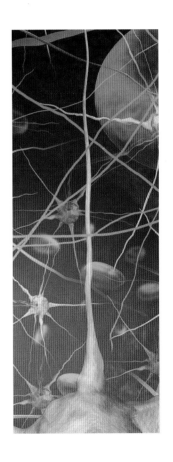

이유를 확실히는 알 수 없지만(바이러스들한테 직접 물어볼 수는 없지 않은가!) 과학자들이 가장 유력하게 생각하는 것은 인수공통질환으로 변모하며 생긴 돌연변이일 가능성이다. 일반적으로 세포에 기생하는 기생체인 바이러스의 생존 방식은 넓고 얕기보다는 깊고 좁은 편이다. 즉, 대부분의 바이러스는 다수의 숙주에 공통적으로 기생하기보다는 자신에게 가장 적합한 숙주만을 골라 집중적으로 기생하는 경향이 있다. 초소형 침습체인 바이러스의 입장에서는 다양한 숙주세포의 내부 시스템들을 모두 이용하기 적절할 만큼 충분한 양의 유전물질을 갖는 것이 어렵다. 따라서 대부분의 바이러스들은 종간 특이성이 있어서 특정 종에게만 감염된다. 예를 들어 소나 돼지 농장에서 집단 발병하는 구제역 Foot and mouth disease의 경우, 피코르나비리대Picornaviridae속의 아프소바이러스Aphthovirus가 일으키는 질환이다. 이 아프소바이러스는 소나 돼지, 염소 등 우제류에 기생하는 바이러스로, 인간이 기르는 가축에게 발생하는 가축전염병 중에서는 전파 속도가 가장 빠른 바이러스일 뿐 아니라, 수포, 침, 분변 등의 체액뿐 아니라 사람, 차량, 물, 사료 등 구제역에 걸린 동물들과 접촉한 적이 있는 모든 존재를 매개체로 삼아 퍼져나가는 다방면의 전파력 또한 보유하고 있다. 하지만 그래도 바이러스들이 침투할 수 있는 것은 어디까지나 우제류 동물들뿐이다. 즉, 사람의 옷이나 신발 등에 묻어 다른 소와 돼지에게로 옮겨질 수는 있어도, 사람을 감염시키지는 못한다는 것이다. 이런 것이 바이러스성 질병의 전형적인 특성이다. 감염 대상 숙주에게는 매우 신속하게 침투할 수 있지만, 나머지 대상은 숙주로 삼지 않는 것 말이다.

바이러스뿐 아니라, 다른 미생물 역시도 마찬가지여서 의외로 사람과 동물이 모두 감염되는 인수공통감염병의 수는 전체 질환의 종류에 비해 많지 않은 편이다. 우리나라의 경우, 보건복지부 고시 제2010-125호 「지정 감염병 등의 종류」(2013)에서는 인수공통감염병을 '동물과 사람 간에 서로 전파되는 병원체에 의하여 발생되는 감염병 중 보건복지부장관이 고시하는 감염병'으로 정의하고, 장출혈성 대장균 감염증 enterohemorrhagic E. colibacillosis, 일본뇌염, 브루셀라증brucellosis, 탄저, 광견병, 조류인플루엔자 인체감염증, 중증급성호흡기증후군 SARS, 변종 크로이츠펠트-야콥병(variant Creutzfeld-Jakob disease), 큐열(Q-fever), 결핵 등 모두 10가지만을 고시하고 있을 뿐이다.

이처럼 일반적으로 하나의 기생체는 특정 숙주에 특화되어 존재한다. 하지만 이런 구도는 영원히 지속되지는 않는다. 특히나 감염된 숙주들이 다른 종들과 접촉이 빈번한 경우에 종종 바이러스는 자신의 숙주를 떠나 새로운 영역을 개척하기도 한다. 물론 바이러스가 처음부터 새로운 터전을 만들기 위해 원래의 안전하고 편안한 숙주를 떠난 것은 아닐 것이다. 바이러스의 속성상 숙주세포에서 충분히 증식하여 숫자를 불린 바이러스들은 이제 새로운 숙주를 향해 길을 떠나게 된다. 아직 다른 바이러스에 의해 침탈당하지 않은 건강한 숙주세포를 만나면 다행이지만, 그렇지 못하면 오랜 인고의 세월을 겪어야 하며 이 과정에서 단백질과 핵산 부스러기인 상태 그대로 파괴되어 버릴 수도 있다. 혹은 요행히 커다란 세포를 만나 파고 들어갔는데, 종종 익숙한 숙주세포가 아니라 전혀 다른 종의 새로운 세포들일 수도 있다. 이런 경우, 대부분의 바

단계					인간으로의 전이
5단계 인간병원균					인간으로부터만
4단계 장기적인 발병					동물로부터 혹은 (오랫동안) 인간으로부터
3단계 제한적인 발병					동물로부터 혹은 (잠시동안) 인간으로부터
2단계 1차 감염					동물로부터만
1단계 동물병원균					없음
	공수병	에볼라	뎅기열	HIV-1M	

동물에게서 사람으로
감염체가 이동해서 판데믹을
일으키는 단계도

이러스는 소멸되어 버리지만, 드물게도 빠른 돌연변이 생성 능력을 바탕으로 새로운 세포들에 재빠르게 적응하여 숙주의 범위를 넓히는 쾌거를 이룩하는 바이러스들도 생겨날 수 있다. 이제 이전과는 같되 같지 않은 '변종 바이러스'로 재탄생된 바이러스는 새로운 숙주 내에서 잠시 동안 신세계를 맛보게 된다. 숙주의 면역계가 난생 처음 보는 변종 바이러스들을 제대로 파악하지 못해 혼란 상태에 빠져 있는 동안, 바이러스들은 새로운 숙주의 자원을 맘껏 침탈하며 무서운 속도로 증식하는 것이 가능하기 때문이다.

제러드 다이아몬드는 『총 균 쇠』를 통해 인류 역사 발전의 원동력 중의 하나로 '균(菌)'으로 통칭되는 감염성 생명체들의 존재를 꼽았으며, 이들이 인류 집단에 유입되는 계기를 야생동물의 가축화로 보고 있다. 야생동물을 길들여 가축화시키는 과정에서 이전에는 드물게 접했던 동물들과 잦은 접촉을 가지고 되고, 이 과정에서 대상 동물에게만 특정하게 기생하던 바이러스나 기타 미생물들이 인간에게도 감염 가능한 변종을 탄생시키고, 변종에 의한 감염병의 대유행이 인류의 역사 변동에 중요한 변수로 작용했다는 것이다. 실제로 인류 역사에서 많은 희생자를 발생시켰던 질병들 중 대다수는 동물로부터 유래된 변종 바이러스인 경우가 많았다. 과학자들은 천연두와 홍역을 일으키는 바이러스는 소에게서 인간으로 넘어온 것이고, 인플루엔자 바이러스는 돼지로부터 유래되었을 가능성이 높다고 추측하고 있다. 스스로를 '바이러스 사냥꾼'이라고 칭하는 미생물학자 네이선 울프는 제러드 다이아몬드와 함께 동물의 바이러스가 사람으로 전이되면서 질병의 범유행, 즉 판데믹 pandemic을 일으키는 과정을 5단계에 걸쳐 제시한 바 있다. 1단계는 병원체가 원래의 숙주였던 동물의 몸속에서만 머무는 상태다. 이 상태로 계속 유지될 수도 있지만, 숙주동물과 사람과의 사이에 직접 접촉이 일어나는 경우 이 병원체가 인간의 몸속에 드물게 전달되어 산발적인 질병이 발생하기도 한다. 이것이 2단계로 아직까지는 동물과의 직접 접촉을 통해 전달될 뿐 사람들 사이의 2차 감염은 일어나지 않는다. 3단계는 동물과의 직접 접촉이 여전히 주요 감염 경로이지만, 1차 감염자가 주변 사람들을 감염시키는 2차 감염이 일시적으로 가능해진 경우다. 여기서 더 나아가 4단계가 되면 병원체가 인간에게 좀더 익숙해지면서 사람에게서 사람으로의 2차 감염이 더 주된 전파 경로가 되며, 5단계로 넘어가면 이제 병원체는 사람에 특화되어서 동물과의 연결고리는 끊어지고 사람에게서 사람으로 2차 감염자가 다시 주변 사람을 감염시키는 3차 감염이 일어나며 전염 경로는 걷잡을 수 없이 커지게 된다. 특히나 이렇게 동물에게서 인간으로 넘어와 안착된 초기 상태에는 인구 집단의 대부분이 이 병원체에 대해서 대항할 수 있는 면역력이 없는 상태라, 순식간에 수많은 사람들이 집단 감염되는 판데믹 현상이 일어날 가능성이 높아진다. 사스와 메르스는 기존 숙주 동물로부터 1차 감염된 환자들이 일시적으로 주변의 환자들을 감염시키는 3단계 발병에 가까웠으며, 몇

몇 슈퍼 전파자들을 제외하고는 2차 전파자들 발생률이 1명 남짓에 그쳤기 때문에 판데믹까지 넘어가지는 않고 조기에 진화가 가능했다. 하지만 이들이 한 번 인간의 몸으로 유입된 이상, 지속적인 변이를 거쳐서 사람에게서 사람으로 3차 감염이 가능한 새로운 변종이 나타날 가능성도 여전히 배제할 수 없다.

이처럼 질병의 판데믹은 동물에게서 사람으로 건너와 적응에 처음 성공한 경우에 주로 나타나게 된다. 사스와 메르스 역시 이들의 원인 바이러스가 동물들에게서 흔히 감염되는 종류라는 사실이 흥미롭다. 실제로 사스바이러스는 사향고양이에게서, 메르스바이러스는 낙타와 박쥐로부터 인간으로 넘어왔다고 추정되고 있다. 이렇게 종과 종을 넘어가는 사이에서 새로운 숙주에 적응한 변종이 출현하고, 이 새로운 변종은 기존 바이러스의 무해성 여부와는 상관없이 난생 처음 바이러스를 맞닥뜨린 신입 숙주 입장에서는 다루기 어려운 침입자임은 분명하다. 인간이 오래도록 코로나바이러스들과 공존하면서 이들을 적절하게 다룰 수 있는 면역력을 획득한 것과는 달리, 동물에게서 인간으로 전이된 변종 코로나바이러스는 인간의 면역계에겐 낯설고 위험한 존재일 수밖에 없다. 이것은 사스와 메르스로 인해 사망한 환자들 중에는 이 바이러스 자체가 일으키는 합병증인 폐렴이나 폐섬유화 등이 원인이 된 경우도 있었지만, '사이토카인 폭풍cytokine storm'이라 하여 면역계의 지나친 발동 자체가 원인이 된 경우도 적지 않기 때문이다.

사이토카인이란 원래 면역 기능을 담당하는 백혈구들이 면역계 작용을 위해 분비하는 생리활성물질로, 백혈구들은 외부 병원체가 들어오면 다양한 사이토카인들을 분비해 면역 능력을 조절하고 다양한 면역 물질들을 풀어내곤 한다. 사이토카인 중에는 인터루킨interleukin, 인터페론interferon, 림포톡신lymphotoxin, 종양괴사인자(Tumor mecrosis factor, TNF) 등이 있는데, 이들은 적으로 간주되는 외부 침입자를 직접 파괴하는 작용을 하기도 하고, 자연살해세포(natural killer cell)나 대식세포들을 자극해 이들이 침입자들을 없애버리도록 자극하는 역할도 한

다. 즉, 사이토카인은 병원체가 우리 몸에 침투한 초기에 여러 종류의 면역세포들을 활성화시키고, 혈액 속의 다양한 생리물질들을 활성화시켜 전투태세를 갖추게 하는 물질인 셈이다. 그런데 가끔씩 병원체에 감염된 초기에 사이토카인들이 꼭 필요한 만큼이 아니라 넘치도록 발생하는 경우가 일어난다. 마치 창문 너머로 생일케이크의 촛불을 얼핏 보고는 큰 불이 났다고 생각해 살수차를 동원해 엄청난 양의 물을 쏟아 부어 케이크를 망가뜨리고, 나아가 축하를 하기 위해 모여 앉은 사람들을 모두 익사시키는 것과 마찬가지인 셈이다. 그래서 의학계에서는 이 과다한 면역계의 반응에 대해 사이토카인 폭풍이란 이름을 붙여주었다.

사스와 메르스는 주로 호흡기를 침범하는데, 이때 사이토카인 현상이 나타나게 되면 바이러스뿐 아니라, 폐를 구성하는 폐포들과 혈관들까지도 한꺼번에 공격해서 여기서 쏟아져 나온 피와 체액이 폐를 가득 채워 오히려 호흡부전에 빠뜨리게 된다. 사이토카인 폭풍 현상은 면역계의 과다발현의 결과이기 때문에, 면역계가 아직 덜 발달한 아이들이나 면역계가 쇠퇴한 노인층에서는 거의 발생하지 않고, 면역력이 활발하고 왕성한 15~45세 사이의 청장년층 사이에서 주로 나타난다. 특히나 사이토카인 폭풍 현상은 감염된 병원체가 매우 낯설거나 처음 접하는 경우 더 빈번하게 나타난다. 아무래도 면역계가 신종 침입자에 대한 정보의 부족으로 인해 오판하거나 과잉 대응하는 현상이 나타날 가능성이 높기 때문이다. 20세기 발병한 몇몇 신종 질환을 살펴보면 멀게는 1918년에 있었던 스페인 독감에서부터 시작해 사스와 메르스에 의한 사망자들 중에도 사이토카인 폭풍 현상의 피해자가 적지 않았던 것으로 알려지고 있다. 이를 증명하는 것이 나이대별 사망률이다. 일반적인 집단 감염병의 경우, 노인과 유소아가 최대 피해자가 되는 경우가 많은데, 앞서 이야기한 변종 바이러스에 의한 신종 전염병들은 오히려 65세 이상 노년층보다는 그 이하의 젊은 세대의 사망률이 더 높았으며, 사스와 메르스의 경우에는 9세 이하 유소아의 사망률은 극히 적었다.

바이러스와의 공존을 위하여

오랜 세월, 그저 있는 듯 없는 듯 지내왔던 코로나바이러스마저 지난 10여 년간 변종의 출현으로 인류에게 새로운 위협이 되고 있다. 그나마 천만다행한 것은 코로나바이러스 자체가 애초에 감염력이 크지 않았던 개체여서 그런지 이들의 변종 바이러스가 일으킨 사스와 메르스의 경우에는 몇몇 수퍼전파자들을 제외하고는 평균 감염수가 1을 크게 웃돌지 않아 스페인독감이나 신종 인플루엔자A의 범유행처럼 판데믹 수준까지는 가지 않은 채 진화되었다. 하지만 바이러스와 인간, 기생체와 숙주와의 관계는 단발성이 아니라 지속성이고 한쪽이 공격하면 다른 한쪽이 이를 막기 위한 방어 전략을 구축하는 형태가 되풀이되면서 그 과정에서 크든 작든 뼈아픈 희생이 따르는 충돌들이 생겨나게 된다. 우리에게 중요한 것은 바이러스와 인간의 면역체가 서로에게 익숙해지면서 큰 충돌 없이 공존할 수 있게 되거나, 혹은 인류가 자신들의 손으로 이 바이러스들을 몽땅 퇴치하게 되기까지 발생할 수 있는 희생들을 최소한으로 줄이는 것이다. 더 많은 사람들이 양질의 의료 혜택을 받을 수 있도록 하고, 감염병 발생시 신속한 신고와 대응 시스템이 구축되어야 하며, 개인위생을 철저히 하고(대부분의 코로나바이러스는 재채기할 때 튕겨져 나오는 비말에 의해 전염된다) 다양한 동물들의 인위적 접촉 고리를 끊고[1], 사냥 등 야생동물과 직접 접하는 행위를 자제하는 것만으로도 변종 바이러스들이 인간을 향해 탐욕스러운 손길을 넘실대는 곳에서 한 발짝 멀어질 수 있게 될 것이다. 낯선 존재들과의 접촉은 가능한 조심스럽고 신중하게 진행되는 것이 좋다는 걸 우리는 오랜 시행착오를 거쳐 깨닫지 않았는가.

---

1 사람에게서 치명적인 뇌염을 일으키는 니파바이러스의 경우, 박쥐에게서 돼지를 거쳐 사람에게 유입되었다. 당시 대규모 돼지 사육 농장을 경영하던 축산주들이 수익률을 높이고자 농장에 망고나무를 심어 돼지 분뇨를 이용해 망고를 키우기 시작했고, 망고 열매를 먹으러 날아온 과일박쥐들이 니파바이러스가 섞인 침을 망고에 묻혔다. 이 망고 중 일부를 돼지가 먹었고, 돼지의 몸속에서 니파바이러스들이 돌연변이를 일으켜 감염되었고, 결국에는 인간에게까지 이 신종 질환에 시달리게 되었다. 자연 상태에서 과일박쥐와 돼지의 집단적 접촉은 거의 일어나지 않지만, 공장식 사육 체계와 망고나무라는 2중 수입원에 대한 욕망이 맞물리면서 치명적인 바이러스가 인류를 괴롭히는 침입자 리스트에 오르게 되었다.

소두증과 지카바이러스

"왓슨, 자네는 이 모자를 보고 무얼 알 수 있나?"

"도대체 이 낡아 빠지고 찌그러진 중절모로 도대체 무얼 알아낼 수 있단 말인가?"

"자네는 사물을 제대로 볼 줄을 몰라. 먼저 첫 번째로 이 모자의 주인은 머리가 좋은 사람일 거야. 보게나, 이 모자는 내가 쓰면 이마를 가리고 코 끝까지 닿을 정도로 크다네. 머리가 이렇게 큰 사람이라면 머리에 든 것도 많지 않겠나."

– 셜록 홈즈 추리 단편선, 1892년작 [푸른 카벙클] 중에서

19세기에 유행하던 당대의 최신 과학은 골상학(骨相學, phrenology)이었다. 골상학자들은 두개골의 형상과 크기로 인간의 성격과 심리적 특성을 파악할 수 있다고 주장했다. 골상학은 1796년 오스트리아의 의사인 프란츠 요제프 갈(Franz Joseph Gall, 1758~1828)로부터 시작되었는데, 그는 인간의 성격과 지능은 뇌에서 유래하고, 뇌에는 각각의 기능을 맡은 부위가 있으므로 특정 부위가 발달하면 그 부위가 커지면서 두개골의 모양에 영향을 미칠 것이라 생각했다. 골상학에 의하면 일단 머리는 큰 것이 좋았다. 컵의 크기가 크면 물을 많이 담을 수 있는 것처럼 두개골이 크면 담겨진 것이 많아 머리가 좋을 것이라고 여겨졌기 때문이다. 하지만 이후 오랜 관측과 실험 결과, 단순히 두개골의 크기와 지능 사이에는 일관적 상관관계가 없음이 밝혀졌다. 1921년 노벨문학상 수상자인 아나톨 프랑스(Anatole France, 1844~1924)의 뇌는 보통 사람의 78% 수준 밖에 되지 않았고, 아인슈타인의 경우에도 뇌의 크기는 평균보다 결코 더 크지 않았다. 일반적으로 성인의 뇌 무게는 평균 1.4킬로그램 정도로 일반적으로는 1.0~2.2킬로그램내에만 속하면 된다. 즉, 이 사이에 속하기만 한다면 머리가 좀 크거나 작은 것은

아무런 문제가 없다는 뜻이다. 하지만 이 범위를 벗어나면 문제가 달라진다. 뇌의 크기가 한계를 넘어 작아지는 경우에는 기능적 이상과 연결될 가능성이 있다.

　　지난 2015년 7월, 브라질 동북부에 위치한 바이아 연방대학병원의 산부인과에 근무하는 마뇨엘 사르노 교수는 뭔가 이상하다는 느낌을 지울 수 없었다. 그는 지금 막 또 한 명의 신생아에게 소두증 진단을 내린 뒤였다. 지난 2주 만에 벌써 4번째 아기였다. 소두증(小頭症, microcephaly)이란 말 그대로 정상에 비해 지나치게 머리가 작은 것을 의미하는 말로, 특정한 질병의 명칭이 아니라 다양한 질병에서 동반되는 증상의 일종이다. 느슨한 구분으로는 신생아의 머리 둘레가 32센티미터 이하이거나, 성인의 머리 둘레가 48센티미터 이하면 소두의 범위에 포함시키곤 한다. 따라서 단순히 체구가 작은 경우, 혹은 가족력이나 체질적으로 두개골의 크기가 작은 경우에도 소두 기준에 포함될 수 있다. 하지만 일반적으로 '소두(小頭)'가 아니라 '소두증(小頭症)'이라고 표현되는 경우는 단순히 머리가 작을 뿐 아니라, 이 작은 머리가 다양한 병증과 연결될 때를 의미하는 경우로 쓰인다. 즉, 두개골의 용적과 뇌의 크기가 지나치게 작아서 정상적인 발달 과정을 보이지 못하는 경우를 의미하는 것이다. 소두증은 원인이 아니라 증상이며, 안타깝게도 신생아에게서 소두증을 일으키는 원인은 매우 많다. 소두증을 일으키는 원인은 크게 유전적 원인과 환경적 원인으로 나눌 수 있는데 에드워드 증후군이나 다운증후군, 묘성증후군과 같은 염색체 이상이나, 시클증후군처럼 단일 유전자 이상으로 나타나는 것이 유전적 원인으로 분류되며, 임신 중에 엄마가 풍진, 거대세포바이러스, 톡소플라즈마 등 바이러스성 질환에 걸린 적이 있거나, 혹은 임신 중 지나친 음주, 약물, 방사능 노출, 영양실조 등 태아에게 좋지 못한 영향을 줄 수 있는 소인에 노출되었을 경우에 나타나는 것을 환경적 원인에 의한 소두증으로 구분한다. 다시 말해 신생아의 소두증은 임신 중 태아의 발달과 성장, 특히 뇌의 발달과 성장을 방해할 수 있는 다양한 요인에 노출되었을 때 나타나

일반 신생아의
머리 크기

소두증 신생아의
머리 크기

일반 신생아(점선)와 소두증
신생아(실선)의 머리 크기 비교
사진 : http://
thriving.childrenshospital.org/qa-
zika-virus-mothers-linked-
microcephaly-babies-brazil/

는 증상을 모두 아우르는 단어이다.

불행 중 다행인 것은 소두증을 일으키는 원인은 수십 가지에 달하지만, 그에 비해서 발생 비율은 드물다는 것이다. 우리나라의 경우, 신생아 1만 명당 1명꼴로 소두증이 보고된 바 있으며, '선천성 기형에 대한 라틴아메리카 공동 연구(Latin American Collaborative Study of Congenital Malformations, ECLAMC)'에 의하면 기존의 브라질 소두증 환아 비율 역시도 신생아 1만 명당 1.98명 정도였다. 그러니 사르노 교수가 의문을 품은 것도 당연했다. 그는 오랜 경력을 가진 산부인과 전문의였기에 소두증을 가진 신생아를 본 적이 없지는 않았지만, 겨우 2주 만에 4명의 소두증 신생아를 연달아 접한 것은 처음이었다. 그리고 그의 불길한 예감은 머지않아 실체를 드러냈고, 그 해에만 그는 70명이 넘는 소두증 아이들을 만나게 된다.

그리고 얼마 지나지 않은 2015년 10월, 마르셀루 카스트루 브라질 보건부장관은 "브라질 북동부 페르남부쿠 주에서 소두증 사례가 급증하고 있다."면서 "해당 지역에 지난 2014년 지카바이러스 유행이 시작된 이후에 나타난 현상이다."라고 발표하기에 이른다. 이후 브라질의 소두증 의심 환자의 수는 기하급수적으로 늘어나 4000명대에 이르렀고, 이에 지난 2016년 2월 1일, 세계 보건기구(WHO)는 지카바이러스와 소두증에 대해 '국제 공중보건 비상사태(Public Health Emergency of International Concern, PHEIC)'를 선포했다. 즉, 지카바이러스와 소두증 사이의 연관성을 인정하며, 지카바이러스의 확산을 저지하기 위해 힘을 합쳐야 한다는 메시지를 세계 각국에 보낸 것이다.

국제 공중보건 비상사태란 대규모 질병의 발생으로 인해 국제적인 대응이 필요할 때 WHO에서 선언하는 것으로, 질병의 종류나 의도(예를 들어 테러나 인위적 확산의 여부 등)에 상관없이 국제적으로 공중보건에 위협이 될 수 있는 모든 사건에 대한 협력과 대응을 요청하는 것으로써, 일단 PHEIC가 선언되면 WHO 회원국은 해당 질병을 감지한 후 24시간 내 WHO에 반드시 통보해야 하며, WHO는 제보 내용에 대

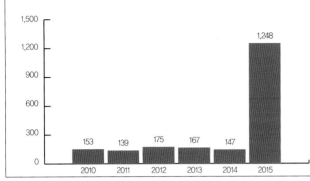

브라질에서 태어난 소두증 신생아의
수(의심환자 포함). 2015년 11월
기준이며, 현재는 4000명 단위로
상승했다. (오른쪽) 브라질 소두증
급증의 주요 원인으로 지목되는 지카
바이러스를 옮기는 이집트숲모기.
사진
: https://www.sciencenews.org/
article/virus-spread-mosquitoes-
linked-rare-birth-defect

해 PHEIC 확산 방지를 위해 신속한 조치를 취해야 한다고 되어 있다.
최근 몇 년간 WHO는 2009년 신종 인플루엔자의 범유행, 2014년 야생
형 폴리오(소아마비 바이러스)의 유행, 2014년 서아프리카 에볼라 유행
에 대해 PHEIC를 선포한 바 있으며, 라틴아메리카 지카바이러스의 유
행은 그중 현재진행형인 셈이다.

WHO의 마거릿 챈 사무 총장에 따르면, "아직 여성의 임신 기간
동안의 지카바이러스 감염과 소두증 사이의 인과 관계는 명확하지 않지
만, 사안의 특수성을 감안해 PHEIC 선포를 결정했다."고 밝혔다. 과학
계에서는 기본적으로 '코흐의 공리'에 따라 미생물과 질병의 인과성을
파악한다. 코흐의 공리란 파스퇴르와 함께 세균학의 아버지로 불리는
독일의 의사이자 세균학자인 로베르트 코흐에 의해 1876년 제안된 것
으로, 총 4개의 명제로 이루어져 있다.

*코흐의 공리

1. 미생물은 어떤 질환을 앓고 있는 모든 생물체에게서 다량 검출되어야 한다.

2. 미생물은 어떤 질환을 앓고 있는 모든 생물체에게서 순수 분리되어야 하며, 단독
   배양이 가능해야 한다.

3. 배양된 미생물은 건강하고 감염될 수 있는 생물체에게 접종되었을 때, 그 질환을
   일으켜야 한다.

4. 배양된 미생물이 접종된 생물체에게서 다시 분리되어야 하며, 그 미생물은 처음
   발견한 것과 동일해야 한다.

현재 브라질을 비롯해 라틴아메리카와 카리브해 지역에서는 총 4000건이 넘는 소두증 의심 사례가 보고되었으나, 그중 지카바이러스에 감염된 여성에게서 태어났다고 증명된 경우는 270건에 불과하다. 실제로 지난 1월 27일, 브라질 정부는 지난 가을부터 보고된 4180건의 소두증 의심 사례를 분석한 결과 270건만 지카바이러스와 연관되었으며, 462건은 오진으로 기각되었으며, 나머지 3548건은 바이러스와의 인과관계가 불분명하다고 발표한 바 있다. 코흐의 공리에 따르면, 지카바이러스와 연관성이 밝혀진 것보다 그렇지 않은 경우가 훨씬 더 많기 때문에 지카바이러스와 소두증 사이의 상관성은 애매하다고 말할 수 있다. 그래서 WHO에서도 비상사태 선포와 함께 두 가지 주요 권고사항을 동시에 발표했다. 하나는 '지카바이러스가 전파되는 지역에서 소두증과 기타 신경장애에 대한 감시를 표준화하라'는 것이고, 다른 하나는 '소두증과 신경장애가 정말로 바이러스와 관련된 것인지를 규명하기 위해 연구를 강화하라'는 것이다. 즉, 아직은 의심스럽지만 WHO는 기존의 공리에 얽매이기보다는 위험을 최소한으로 축소시키기 위한 선제적 조치를 취한 것으로 보인다. 그렇다면 지카바이러스가 도대체 무엇이기에, 이토록 많은 이들을 불안과 혼란에 빠뜨리고 있는 것일까.

지카바이러스Zikavirus란 분류학상 플라비바이러스Flavivirius에 속하는 바이러스로, 플라비바이러스는 양성 단일가닥의 RNA를 유전물질로 갖는 구형의 바이러스이다. 현재까지 플라비바이러스에 속하는 바이러스는 약 70종이 보고되었는데, 대부분이 모기나 진드기를 통해 전파되는 특성 때문에 절지동물 매개바이러스로 명명되기도 한다. 플라비바이러스에 속하는 대표적인 바이러스들은 웨스트나일열[1]을 일으키는 웨스트나일바이러스, 뎅기열[2]을 일으키는 뎅기바이러스(Dengue virus), 뇌염을 일으키는 일본뇌염바이러스(Japanese encephalitis

---

1 웨스트나일열(West Nile fever), 모기가 매개하는 웨스트나일바이러스에 의해 발병하는 질환으로, 고열, 두통, 근육통 등의 증상을 일으키고 1주일 정도 후면 증상이 사라지는데, 바이러스가 뇌로 침투해 뇌막염을 일으키는 경우에는 합병증으로 사망률이 4∼14%까지 올라갈 수 있다.

2 뎅기열(Dengue fever), 이집트숲모기가 매개하는 뎅기바이러스에 의해 발병하는 질환으로, 근육통과 관절통을 동반한 고열, 발진이 특징이다. 치사율은 0.01∼0.03%로 높지는 않지만, 매우 극심한 통증을 동반하기 때문에 'break bone fever'라는 별명을 지니기도 한다. 주로 동남아시아 지역에서 많이 발병하며, 아직까지 국내에서 토착 발병사례는 보고된 바 없다.

virus)[3], 진드기매개뇌염바이러스(Tick-borne encephalitis virus)[4] 그리고 황열[5]을 일으키는 황열바이러스(Yellow fever virus) 등이 이에 속한다. 지카바이러스 역시 플라비바이러스에 속하므로, 양성 단일가닥의 RNA를 유전물질로 가지며 외부 구조는 구형을 띄고 있다. 지카바이러스가 사람들의 눈에 뜨인 것은 1947년이었다. 국제황열연구소 소속의 과학자들이 아프리카 우간다의 빅토리아 호수 근처 지카 우림 지대에 사는 붉은털원숭이 몸에서 찾아낸 새로운 바이러스에 서식지의 이름을 붙여 명명했던 것이 시초였다. 당시까지만 하더라도 이 바이러스는 원숭이들 사이에서만 유행하는 것이라 알려졌으나, 1952년 인간에게도 감염된다는 사실이 몇몇 과학자들에게 알려지면서 사람들의 눈에 뜨이기 시작했다. 하지만 지카바이러스는 비슷한 부류인 뎅기바이러스나 황열바이러스에 비해서는 그다지 눈에 뜨이지 않는 존재였다. 지카바이러스에 감염되더라도 약 80%의 사람들은 별다른 감염 증상을 보이지 않았고, 나머지의 경우에도 비교적 가벼운 증상만을 앓고 별다른 후유증 없이 회복되었기 때문이었다. 따라서 지카바이러스는 처음 발견된 이후 약 반세기가 지나는 동안에 여전히 사람들의 관심권 밖이었고, 심지어 그 기간 동안 발표된 지카바이러스에 대한 논문을 모두 합쳐도 열 편 남짓밖에 되지 않을 정도로 있으나마나한 존재였다. 에볼라처럼 오랫동안 아프리카 지역의 토착 바이러스로 남았기에 눈에 뜨이지 않았던 것이다. 그러던 지카바이러스가 갑자기 사람들의 눈에 띄게 된 건 지난 2007년 부터였다. 어떤 경로를 통해 왔는지 알 수 없지만, 갑자기 미크로네시아의 얍Yap 지역에 나타난 지카바이러스는 많은 사람들에게 감

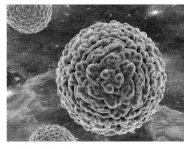

플라비바이러스의
3차원 모습.

3 작은빨간집모기가 매개하는 일본뇌염바이러스에 의해 전염되는 질환으로, 이 바이러스에 감염되면 약 95%는 증상이 발견되지 않지만 약 5%에게는 합병증으로 뇌염이 발생한다. 일단 뇌염이 발생하면 이 중 30% 정도는 사망하며, 생존하더라도 신경학적 후유증이 남을 가능성이 높다. 국내에서는 1946년 최초의 환자가 발생한 이후 1958년에는 6,897명의 환자가 발생해 이중 2,177명이 사망했다. 하지만 일본 뇌염은 1971년 백신이 도입된 이후, 급속도로 환자 수가 줄어들어 최근에는 연간 10여 명 이하만이 발병할 정도로 감소되었다.

4 진드기 매개 뇌염은, 바이러스에 감염된 진드기에 물려서 전파된다. 이 바이러스에 감염되면 약 70%의 사람들은 가벼운 열과 발진만으로 지나가지만, 약 30%의 사람들에게서는 뇌염이 발생해 사망에 이르기도 한다.

5 황열(黃熱, Yellow fever)은 모기가 매개하는 황열바이러스에 의해 일어나는 질환으로, 주로 사하라 이남 아프리카와 남미 지역에서 발생한다. 고열, 두통, 발진, 근육통 등의 증상을 보이다가 일부에게서 합병증으로 황달이 발생하기 때문에 이런 이름이 붙었다. 황달이 발생하는 경우 25~50%가 사망하는 무서운 질환이 된다. 치료제는 없지만, 1회 접종 만으로 평생 면역이 유지되는 백신(17D)이 개발되어 있다.

염되며 증상을 일으켰다. 그렇게 지카바이러스는 서태평양 섬들을 하나씩 거치며 전파되어 나가다가 드디어 2014~2015년에 걸쳐 브라질에 새로운 터전을 잡게 된다.

앞서 말했듯이 지카바이러스는 모기를 매개로 전염되는 질환이다. 살아 있는 지카바이러스는 오로지 모기의 몸속에서만 생존할 수 있으며, 모기가 지카바이러스에 감염된 환자의 피를 빨 때 피와 함께 모기의 몸속으로 숨어 들었다가, 이 모기가 다른 사람의 피를 빨 때 모기의 침샘을 통해 또 다른 숙주―감염된 적이 없는 사람―의 몸으로 전파된다. 수많은 모기들 중에서 지카바이러스가 갈아탈 수 있는 모기는 이집트숲모기Aedes aegypti와 흰줄숲모기Aedes albopictus다. 이 모기들은 일생동안 수백 미터 이상을 날지 못하므로, 오랫동안 이 바이러스는 이들 모기가 서식하는 반경 수 킬로미터 내에서만 생존할 수 있었다. 그러나 국제화와 교통수단의 발달로 인해 바이러스를 몸 안에 지닌 사람들이 수천 킬로미터 이상을 여행하며 다른 나라로 넘어갈 수 있게 되었고, 이집트숲모기와 흰줄숲모기는 아프리카가 아닌 다른 대륙에서도 매우 흔하게 서식하는 모기였으므로 사람의 몸속에 숨어서 국경과 대륙을 넘어온 지카바이러스가 새로운 지역에 원래부터 서식했던 모기를 만나 그 속으로 성공적으로 숨어들어올 수 있게 되었던 것이다. 특히나 브라질의 열대우림에는 엄청난 숫자의 이집트숲모기가 서식하고 있었고, 이곳의 사람들은 지카바이러스에 대한 항체가 없었기에, 우연한 기회에 브라질로 들어온 지카바이러스는 자신들을 널리 퍼뜨려줄 현지의 모기 부대와 면역력이 전혀 없는 대단위의 숙주들을 만나서 엄청나게 세를 불린 것으로 추정된다.

이처럼 지카바이러스는 상대적으로 사람들의 관심이 쏠린 지 얼마 되지 않은 '뉴비' 바이러스인터라, 우리가 지카바이러스에 대해 알고 있는 것은 그다지 많지 않다. 심지어 확실하게 지카바이러스와 소두증 신생아의 탄생이 연관성이 있는지조차도 정확히 알 수 없다. 브라질의 의사들이 임신부의 초음파 검진에서 소두증 사례가 증가하는 것을 최초

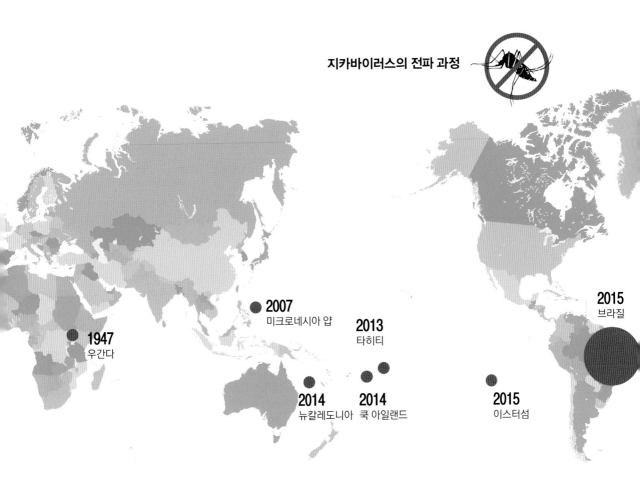

지카바이러스의 전파 과정

1947
우간다

2007
미크로네시아 얍

2013
타히티

2014
뉴칼레도니아

2014
쿡 아일랜드

2015
이스터섬

2015
브라질

로 발견한 것은 2015년 6월과 7월인데, 이 시기는 지카바이러스 감염이 급증하기 시작한 지 몇 달 후였다. 앞서 등장한 마노엘 사르노 박사에 의하면, 지카바이러스에 감염된 임신부를 상대로 실시된 최초의 환자대조군연구 결과가 나오려면 빨라야 2016년 늦여름에나 가능할 것으로 추정하고 있다. 이처럼 과학자들이 지카바이러스와 소두증 사이의 연관성을 연구하면서 애를 먹는 이유 중의 하나는 지카바이러스에 감염된 사람과 그렇지 않은 사람을 구별해 내기가 매우 어렵다는 것이다. 지카바이러스 감염은 상당수가 무증상을 나타내기 때문에 감염자를 한눈에 구별하기가 어렵다. 하지만 증상이 없는 감염자들도 모기에게 물리게 되면 바이러스를 전파하는 매개체가 될 수 있고, 임신부인 경우에는 본인은 이상이 없지만 태아에게는 이상이 있을 수도 있다. 일반적으로 어떤 질병과 원인체 사이의 연관성을 찾기 위해서는 일단 그 질병의 원인으로 의심되는 병원체에 감염되었는지를 확인하는 것이 중요한데, 지카바이러스는 애초에 이걸 증명하는 것부터가 쉽지 않다.

현재 나와 있는 가장 정확한 지카바이러스 진단법은 환자의 혈액에서 바이러스의 RNA를 검출하는 것인데, 이는 환자가 감염된 지 1주일 이내만 가능하다. 이후에는 바이러스가 활성이 사라지므로 검출이 안 되기에, 체내에 남은 지카바이러스 항체를 검사하는 방법밖에는 없다. 하지만 지카바이러스 항체는 비슷한 사촌 바이러스인 뎅기바이러스 항체와 매우 비슷해 교차반응을 일으킨다. 즉, 항체 검사 결과 항체가 있다고 나타나더라도 그것이 지카바이러스항체인지 뎅기바이러스항체인지 구별하기가 쉽지 않다는 것이다. 게다가 브라질은 오래전부터 뎅기열 유행 지역이라 이곳에 사는 사람들은 대부분 혈액 속에 뎅기바이러스 항체를 가지고 있기 때문에 항체 검사의 정확도가 더욱 떨어진다. 따라서 임신 초기의 엄마가 지카바이러스에 감염되었다고 하더라도 그로부터 아홉 달 후에 아기가 태어날 때쯤이면, 엄마의 혈액 속에서는 지카바이러스의 RNA가 검출되지 않고, 항체 검사도 불분명하기 때문에 정말로 지카바이러스 감염이 소두증의 원인이 되는지 결론내리기가 쉽지 않다는 것이다.

불안은 공포를 증폭시키고, 의심은 불신을 낳게 된다. 따라서 과학자들은 현재 불안을 감소시키고 불신을 축소시키기 위해, '지카바이러스와 소두증 사이의 연관성'을 명확히 하는 한편, 지카바이러스 감염증의 발병을 막기 위한 백신 개발에 나서고 있다. 지카바이러스와 소두증 사이의 연관성이 부족하다고 하더라도, 지카바이러스 백신을 접종해 소두증이 감소한다면 그것 자체가 하나의 해결책이자 해답이 될 수 있기 때문이다. 하지만 일반적으로 백신을 디자인해서 제조하고, 이를 임상 실험을 거쳐 안전시험까지 끝내는 것은 아무리 빨라도 10~15개월은 걸리는 복잡한 작업이다. 또한 백신이 개발되고 안전성 평가가 끝났다고 하더라도, 이를 사람들에게 모두 맞추기 위해서는 백신을 대량 생

산하는 시설을 갖추고 집단 면역이 형성될 때까지 백신을 접종하는 데
만도 5~7년 정도가 걸린다. 그래서 그때까지 우리는 '모기와의 전쟁'에
더욱 신경을 쓰지 않을 수 없다. 지카바이러스를 주로 옮기는 이집트숲
모기는 병뚜껑에 고인 물 정도의 적은 양의 물만 있어도 알을 낳기 때문
에, 모기들이 알을 낳기 쉬운 서식지(작은 웅덩이, 방치된 빈병, 폐타이
어, 수경재배 화분 등)는 가능한 제거하고, 모기장과 긴 소매 옷으로 피
부의 노출을 줄이고, 임산부와 태아에게 안전한 성분으로 만들어진 모
기 기피제를 사용해 모기에 물리는 것을 최대한 줄이며, 임신부나 가임
가능성이 있는 여성은 가급적 지카바이러스가 발병한 지역의 여행을 자
제할 것을 권하고 있다. 또한 드물지만 최근에는 지카바이러스가 성관
계를 통해서도 전염될 수 있다는 보고가 나오고 있으므로, 해당 지역을
여행한 남성들 역시도 2주 이상은 피임할 것을 권하고 있다.

지난해 메르스 사태와는 달리 아직까지는 국내에 지카바이러스
감염 확진자는 발생하지 않았으며, 설사 발생하더라도 당분간은 대규모
유행으로 변모할 가능성은 적을 것으로 학자들은 조심스럽게 추측한다.
이는 환자의 비말을 통해 직접적으로 전염될 수 있었던 메르스와는 달
리, 모기라는 매개체가 필요한 데다가 변온동물인 모기가 활동하기에는
아직 이른 겨울철이라는 것이 그 이유이다. 하지만 지난 메르스 사태에
서 보았듯이 현대 사회는 매우 복잡한 네트워크로 이루어지기 때문에,
초기의 늦장 대응은 걷잡을 수 없는 확산으로 이어질 가능성을 늘 내포
하고 있다. 우리가 지구 반대편 브라질에서 태어난 작은 머리의 아이들
에게서 눈을 뗄 수 없는 이유는 바로 이 때문이다.

발암물질

박태균

서울대학교 수의학과 학사, 동대학원에서
공중보건학 박사학위를 받았다. 미국
조지아대학교 식품과학과 연구원으로
일했으며 국내 유일의 식품의약전문기자로
활동했다. 현재 중앙대학교 의약식품대학원
겸임교수로 있다. 대통령 표창을 비롯해
올해의 의과학 기자상 등을 수상했다.
『아이의 완벽한 식생활』 등 다수의 책을
집필했다.

소시지가
1군 발암물질이라고?

소시지를 위한 변명

난데없이 최근 1군(群) 발암물질로 낙인 찍혀 뭇 사람들의 걱정거리가 된 식품은 소시지sausage다. 기원전 5000년경 현재 이라크 지역에서 살던 수메르인이 처음 만든 것으로 추정되는 소시지는 인류 역사상 가장 오래된 음식 중 하나다. 로마 황제 콘스탄티누스가 남성의 성기를 연상시킨다는 이유로 소시지 금식령(禁食令)을 내린 이후 사상 최대 위기를 21세기에 맞고 있는 셈이다.

소시지를 1군 발암물질에 포함시킨 기관은 세계보건기구(WHO) 산하의 국제암연구소(IARC)다. 이곳에서는 지난 40여 년간 약 900가지 물질에 대한 발암성 평가가 이뤄졌다. 이 중 100여 가지가 1군 발암물질로 지정됐다. IARC 외에도 발암성 평가로 세계적인 명성을 얻은 기관이 몇 곳 더 있다. 미국 국립독성프로그램(NTP)과 환경보호청(EPA)이 대표적이다. 하지만 아직 이 두 기관에선 가공육·적색육에 대해 발암 '꼬리표'를 붙이지 않았다. 소시지가 1군 발암물질이란 사실을 IARC가 발표하면서 마트에서 소시지에 선뜻 손이 가지 않는다는 소비자가 적지 않다. 한 소시지 제조 회사 간부의 자녀는 "아빠가 다른 사람에게 암을 일으키는 식품을 만든다는 데 충격을 받았다"며 울먹였다는 얘기도 전해진다.

IARC는 수많은 동물실험은 물론 사람 대상 역학(疫學) 연구 등을 통해 인간에게 암을 일으킨다는 점이 증명된 물질을 1군 발암물질로 지정한다. 그러나 1군 발암물질에 노출됐다고 해서 바로 암이 걸리는 것은 아니다. 소시지와 담배(흡연)가 둘 다 1군 발암물질이란 이유로, 소시지가 담배만큼 위험하다고 오해하는 사람이 수두룩하다. 이런 비교는 소시지 입장에선 정말 억울한 일이다. 예로 술과 B형 간염은 모두 간암을 일으키는 것이 증명된 1군 발암물질이지만 간암을 일으키는 능력(위험도)에 있어선 B형 간염과 술이 동급(同級)이 될 수 없는 것과 같은 이치다. IARC의 발표대로라면 소시지를 매일 50g씩 추가로 평생 먹을 때마다 대장암 발생률이 18%씩 증가한다. 담배는 하루 15개비씩 추가로 피울 때마다 암 발생률이 거의 500%씩 늘어난다. 소시지와 담배의 암 유발 능력은 이처럼 천양지차다.

소시지의 재료가 되는 돼지고기를 비롯해 쇠고기·양고기·염소고기 등 적색육(赤色肉)은 이번에 IARC로부터 2A군 발암가능 물질 판정을 받았다. IARC의 2군 발암가능 물질은 다시 A와 B로 나뉘는데 발암성 관련 증거가 상대적으로 더 많이 쌓여 있는 것이 2A군이다.

사람들이 고기를 섭취하는 방법은 크게 보아 두 가지 뿐이다. 적색육 등 생고기로 즐기거나 소시지 등 가공육을 만들어 먹는 것이다. IARC는 가공육·적색육이 모두 발암성과 관련 있다고 평가했으

IARC는 햄·소시지·베이컨과 같은 가공육을 1군 발암물질로, 소고기나 돼지고기 같은 적색육은 2군 발암물질로 대장암의 위험을 높인다고 발표했다.

므로 육식(肉食) 문화 전반에 대해 '과하지 말라'는 경종을 울린 셈이다.

그렇다고 가공육 · 적색육 섭취를 무조건 금하란 의미가 아니며 이 점은 WHO도 인정하고 있다. 적당량 섭취하면 고기는 양질의 단백질 · 철분 · 칼슘 · 마그네슘 · 비타민 B군 · 비타민 D 등 여러 영양소를 공급받을 수 있는 소중한 먹거리다. 문제는 어느 정도가 적당량인가다. IARC가 이번에 예로 든 하루 가공육 50g, 적색육 100g이 '적정량'이라고 볼 만한 과학적 근거는 없다. 나라마다 선호하는 가공육의 종류, 고기 먹는 습관, 고기 조리법, 육류 섭취량 등이 모두 다르므로 각국이 알아서 적정량을 산출하라는 의미다. 같은 가공육이라도 순대는 일반 소시지의 약점으로 지적되고 있는 아질산나트륨으로부터 자유롭고, 최근엔 아질산나트륨이 들어 있지 않는 가공육 제품도 출시되고 있다. 따라서 순대 · 아질산염 프리(free) 가공육과 소시지의 발암성은 다를 수밖에 없다. 또 적색육을 불에 직접 구워 스테이크로 먹는 서양인과는 달리 한국인은 고기를 수육 · 탕 · 찜 등에 넣어 먹는다. 고기를 바비큐하거나 프라이팬에 볶아먹으면 PAH · HCA 등 발암성 물질이 더 많이 생성된다는 것은 IARC의 이번 보고서에도 포함돼 있는 내용이다. 고기를 먹을 때 상추 · 깻잎 등 쌈채소를 곁들이는 한국인의 식문화도 암 예방에 크게 기여할 것으로 여겨진다. 가공육 · 적색육으로 인한 암 발생 위험을 낮추기 위해선 우유 등 칼슘을 충분히 섭취하는 것도 중요하다.

"모든 독성은 양(量)에서 나온다"는 것이 독성학의 기본 명제다. 가공육 · 적색육도 적정량 섭취가 최선의 대책이므로 식품안전당국이 신속하게 한국인의 연령대별 · 성별 적정 가공육 · 적색육 섭취권장량을 정해 알려줄 것을 기대한다.

1군 발암물질의 의미

1급 범죄 · 1급 비밀 · 1급 정보 · 1급 유해물질 · 1군 선수……. 1로 시작하면 누구나 직감적으로 사안이 중하거나 거물이라고 느낀다. 으뜸·기본을 뜻하는 1의 속성 때문이다.

보건 분야엔 1군 감염병(전염병)이 있다. 마시는 물이나 식품을 매개로 발생하고 집단 발생의 우려가 커서 발생 또는 유행 즉시 방역대책을 세워야 하는 감염병을 가리킨다. 콜레라·장티푸스·파라티푸스·세균성 이질·장출혈성 대장균감염증·A형 간염이 여기 속한다.

최근 세계보건기구 산하기관인 국제암연구소는 소시지·햄 등 가공육을 1군 발암물질로 분류해 큰 파장을 일으켰다. 1군 발암물질 검출이나 1군 감염병 유행 소식이 전해지면 대중은 1이란 숫자 때문에 실제보다 훨씬 큰 위험으로 받아들이며 과도한 두려움을 표시한다. 따라서 사태를 객관적으로 파악하려면 1의 의미를 바로 알아야 한다.

감염병 예방법엔 법정 감염병이 1~5군 감염병과 지정 감염병으로 분류돼 있다. 이 중 '첫째'인 1군은 치사율이 높다는 것을 의미하지 않는다. 방역 당국은 빠른 속도로 감염되는 감염병에 1이란 숫자를 부여했다. 요즘 콜레라·장티푸스·세균성 이질 등 1군 감염병에 걸려 숨지는 사람은 거의 없다. 4군 감염병이라고 해서 절대 가볍게 여겨선 안 된다. 에볼라·두창(천연두)·뎅기열·황열·보툴리누스·중증 급성 호흡기 증후군(SARS)·신종 인플루엔자(신종플루)·웨스트나일열·큐열(Q熱)·라임병·중증 열성혈소판감소증후군(SFTS, 일명 살인 진드기) 등 해외에서 유입된 신종 질환이 많이 포함돼 있으며 개중엔 생명까지 위협하는 것들도 있다. 4군 감염병이 유행하면 강제 격리 등 1군에 준하는 조치를 내릴 수 있는 것은 그래서다.

IARC는 발암물질(발암가능물질 포함)을 1군(群)·2A군·2B군·3군 등으로 나눈 뒤 각 군(群)에 속하는 물질 리스트를 공개한다. 미국 환경보호청(EPA)도 발암물질(발암가능물질 포함) 분류 결과를 주기적으로 발표하고 있지만 우리 국민과 국내 미디어는 IARC의 발암물질 분류 결과에 더 큰 관심을 보인다.

IARC의 1군 발암물질 리스트에 포함된 것은 여러 실험을 통해 사람에게 암을 일으킨다는 사실이 증명된 물질이다. 그러나 1군 발암물질

1군 발암물질 리스트에 포함된 선탠 기구

에 소량·단기간 노출돼도 암에 걸리게 된다는 의미는 아니다. 단적인 예가 선탠 기구다. IARC는 '자외선 발생 전구Sunlamp'와 선탠 기구Sunbed를 1등급 발암물질에 포함시켰다. 이후 식약처는 선탠 기구를 이용한 선탠을 피할 것을 권고했다. 30세 이전부터 선탠을 과도하게 받았다면 흑색종 등 피부암 발생 위험이 '다소' 높아지는 것은 사실이다. 그러나 모든 선탠 이용자가 선탠을 무조건 거부하거나 혹시 암에 걸릴까봐 밤잠을 설쳐야 할 필요는 없다.

IARC의 1군 발암물질 리스트엔 태양의 자외선, 갱년기 증상 개선을 위해 복용하는 여성호르몬제, 흡연과 간접흡연, X선 검사, PVC를 만드는 데 쓰이는 염화비닐 등이 들어 있다. 1군 발암물질이 두렵다고 해서 바깥나들이를 삼가고 X선 검사를 기피한다면 득보다 실이 크다. 따라서 1이란 숫자에 너무 집착할 필요는 없다. 1 때문에 스트레스를 받는다면 그것이 건강엔 더 마이너스다.

에틸 카바메이트(2A군)와 에탄올(1군 발암물질)의 모순

'불편한 진실'이지만 김치와 포도주에도 발암 물질이 들어 있다. IARC가 발암물질로 분류한 니트로소아민과 에틸 카바메이트다. 그러나 김치를 발암식품으로 보진 않는다. 발암물질의 양이 무시해도 될 만큼 극미량이기 때문이다. 김치에 풍부한 항암·항산화 성분은 니트로소아민의 해악을 상쇄하고도 남는다.

요즘 웰빙주로 인기 높은 포도주도 국내에서 발암물질 검출 이슈로 수난을 겪은 바 있다. IARC가 2군 발암물질로 분류한 에틸 카바메이트란 물질이 검출된 것이다. 에틸 카바메이트는 별칭인 우레탄이 우리 귀에 더 익숙하다. 포도주 등 술을 제조할 때 효모의 영양원으로 공급하는 요소 등 질소산화물이 발효되면서 에틸 카바메이트가 생성된다. 포도주·청주·위스키 등 발효주와 요구르트·치즈·김치·간장 등 발효식품에서 에틸 카바메이트가 소량 검출되는 것은 그래서다.

술의 주성분인 에탄올은 IARC가 1군 발암물질로 분류한 물질이다. 하지만 에틸 카바메이트는 2A군 발암물질이다. 2A군 발암물질이란 인체 발암 증거는 제한적이고 부정확하지만, 동물실험에서 발암증거가 충분히 확보된 물질이다. 과거엔 에틸 카바메이트가 2B군으로 분류됐으나 2007년에 2A군 발암물질로 상향 조정됐다. 이는 에틸 카바메이트가 암 유발과 관련이 있다는 것을 뒷받침하는 연구결과들이 많이 축적된 결과다. 하지만 에틸 카바메이트가 1군 발암물질이 될 가능성은 거의 없다. 에틸 카바메이트를 사람에게 직접 제공한 뒤 그 영향을 추적하는 연구나 에틸 카바메이트의 독성만을 따로 떼어낸 역학연구가 사실상 불가능하기 때문이다. 반면 에탄올은 사람들이 오랫동안 섭취해 왔기 때문에 역학연구 결과가 수두룩하다. 이런 역학연구 결과들을 근거로 해 IARC는 주성분이 에탄올인 주류 자체를 1998년 1군 발암물질로 분류했다. IARC는 1998년 발표한 보고서에서 "주류의 인체 발암성은 증거가 충분히 확보됐다"며 "알코올 섭취는 후두암·식도암·간암·구강암 등을 일으킨다"고 기술돼 있다. 술 섭취가 많은 사람의 구강암·후두암 발병률이 증가했고, 하루 주류 섭취량이 높을수록 사망률이 2~5배 높게 나타났다는 것이다.

국내에서 에틸 카바메이트의 존재가 알려진 것은 이것이 일부 수입 포도주에 '상당량' 들어 있다는 사실이 언론에 보도되면서부터다. 에틸 카바메이트가 이슈화된 뒤, 이 물질에 대한 규제 기준을 마련하는 과정에서 당시 식품의약품안전청은 딜레마에 빠졌다. 1군 발암물질로 분류된 주류(에탄올)의 유통은 자유로운데 에탄올에 비해 발암성 증거가 적은 주류 내 발암물질(에틸 카바메이트)에 대한 관리기준을 마련해 단속하는 것이 앞뒤가 맞지 않았기 때문이다.

에틸 카바메이트는 2A군, 에탄올은 1군 발암물질로 분류돼 있지만 에탄올의 발암 능력·독성이 에틸 카바메이트보다 더 강하다고 보긴 힘들다. 오히려 에틸 카바메이트의 독성·발암 능력이 훨씬 클 가능성

이 높다. 에틸 카바메이트의 섭취 허용기준이 에탄올과는 비교도 되지 않을 만큼 낮다는 것이 그 근거다. 발암 분류 순위(1~3군)와 실제 발암 능력·독성은 완전히 다를 수 있다는 것이 에탄올과 에틸 카바메이트의 사례가 여실히 보여준다. 건강을 위해 절주(節酒)가 권장되는 것과 마찬가지로 에틸 카바메이트도 가능한 한 적게 섭취하는 것이 최선이다. 소비자 입장에선 뾰족한 자구책은 없다. 포도주 등 술을 오래 두고 마실 때 보관 온도를 낮게 유지하는 정도다.

그러나 지나치게 걱정할 필요는 없다. 그 근거는 다음 세 가지다. 첫째, 양이 극미량이다. ppb(10억분의 1) 단위로 들어 있다. 둘째, 검출되는 양의 대부분이 체내에서 빠르게 분해돼 빠져 나간다. 영국 식품표준청(FSA)의 2004년 발표에 따르면 음주 뒤 24시간 이내에 섭취한 에틸 카바메이트의 90~95%가 간에서 무해한 물질로 분해된다. 분해되지 않은 것도 대부분 소변과 함께 배출된다. 셋째, 포도주엔 항암·항산화 성분인 폴리페놀(쿼세틴·에피카테킨·레스베라트롤 등)이 풍부하다. 이들은 에틸 카바메이트를 무독화하기에 충분하다.

역학조사 결과도 이를 뒷받침한다. 2006년 10월 미국 대학 위장관학회 학술대회에선 포도주 섭취가 대장 폴립(용종)의 발생률을 낮춰준다는 연구결과가 발표됐다. 평균 나이가 50대 후반인 1700명을 대상으로 실시한 이 연구에서 적포도주 애호가에게 폴립 등 대장에 이상 증식이 생길 위험은 3%로 나타났다. 백포도주 애호가(9%)·완전 금주자(10%)에 비해 확실히 낮았다. 이러한 결과는 레스베라트롤 덕분으로 추정됐다. 적포도주가 백포도주에 비해 월등한 결과를 보인 것은 포도주의 항암 성분이 껍질 부위에 몰려 있기 때문으로 풀이됐다.

육류의 발암 위험 낮추는 식품 '베스트 10'

WHO 산하 국제암연구소가 가공육과 붉은색 고기(적색육)의 과다 섭취가 암 유발(특히 대장암) 가능성을 높인다고 발표하자 육류의 발

암 위험을 낮출 수 있는 식품들에 대한 소비자의 관심이 높아졌다.

육류의 발암 가능성을 낮춰주는 식품 '베스트 10'엔 채소 5종(깻잎·부추·마늘·고추·양파), 과일 1종(귤), 해조류 1종(다시마), 발효식품 1종(김치), 유제품 1종(우유), 음료 1종(녹차)이 포함됐다.

이 중 깻잎의 항암 성분은 베타카로틴과 리모넨이다. 고기를 태우면 PAH 등 발암성 물질이 생길 수 있는데 깻잎에 풍부한 베타카로틴(체내에서 비타민 A로 변환되는 항산화 비타민)이 이를 상쇄해준다. 깻잎의 베타카로틴 함량(100g당 9.1mg)은 당근(7.6mg)·단 호박(4mg)을 능가한다. 깻잎의 향기 성분인 리모넨은 고기 특유의 냄새까지 잡아준다. 중국의 고의서인 『본초강목』엔 "깻잎은 고기의 온갖 독을 해독한다"고 쓰여 있다. 깻잎 추출물이 실험동물인 쥐의 대장암의 발생률을 53%가량 낮췄다는 연구결과도 나왔다.

양파에 풍부한 황화알릴·식이섬유·쿼세틴(항산화 성분) 등도 암 예방을 돕는다. 미국 존스 홉킨스 대학 의대 연구팀은 지난 2006년 『임상위장병학-간장학』에 발표한 연구논문에서 양파에 든 쿼세틴이 대장폴립(용종)의 수를 줄이고 크기를 줄여주는 효과가 있다고 발표했다.

마늘의 암 예방 성분은 매운 맛 성분인 알리신이다. 미국에서 4만 1000명의 중년 여성을 대상으로 실시된 '아이오와 여성건강연구'에선 규칙적으로 마늘과 과일·채소를 먹은 여성이 그렇지 않은 여성에 비해 대장암에 걸릴 위험이 35%나 더 낮았다.

부추엔 황화알릴(마늘·양파 함유)·베타카로틴(깻잎 함유) 외에 클로로필(엽록소)·식이섬유가 들어 있다. 식이섬유를 충분히 섭취하면 변비를 예방하고, 대장암의 발생 가능성을 낮춰준다. 부추 등 채소의 식이섬유는 장내 유익균(有益菌)이 가장 선호하는 먹이다. 특히 부추에 들어 있는 물에 녹지 않는 불용성(不溶性) 식이섬유는 노폐물·발암 물질 등 유해 물질을 빨아들여 대변으로 배출시키는 '장내 진공청소기'다.

고추의 암 예방 성분은 항산화 비타민인 비타민 C와 매운 맛 성분인 캡사이신이다. 지난해 8월 미국 캘리포니아 대학 연구팀은 동물실험

결과 고추의 캡사이신 성분이 대장암 치료 효과가 있다고 국제학술지인 《임상조사저널》에 발표했다. 실험용 쥐에 캡사이신이 함유된 고추를 먹게 했더니 대장암 위험이 감소했을 뿐 아니라 이를 섭취하지 않은 쥐에 비해 수명이 30% 가량 길어졌다는 것이다.

귤의 암 예방 성분으론 비타민 C(항산화 비타민) · 베타카로틴 · 리모넨(깻잎 함유)이 꼽힌다. 귤 100g당 비타민 C 함량은 44~48㎎. 게다가 귤은 대부분 생과로 먹으므로 비타민 C가 조리 도중 소실 · 파괴될 일도 거의 없다.

다시마의 암 예방 성분은 식이섬유 · 칼슘 · 셀레늄 등이다. 특히 식물성 식이섬유인 알긴산이 풍부하다. 음식의 종류와 상관없이 하루에 섭취하는 총 칼로리가 높을수록 대장암 위험이 높아지는 것으로 알려져 있다. 알긴산은 포만감을 금세 느끼게 해 열량 섭취를 줄여준다. 알긴산의 일종인 후코이단(fucoidan, 다시마 · 미역 등 해조류 표면의 미끈거리는 성분)도 암 억제에 유용하다. 2011년 일본 홋카이도대학 연구팀은 후코이단이 대장암 세포의 자살을 촉진해 암의 증식을 억제한다고 발표했다. 고기 먹을 때 우유를 곁들이면 대장암 예방에 유익한 것은 우유가 '칼슘의 왕'이기 때문이다. 칼슘 섭취는 대장암과 대장 선종의 발생 위험을 낮춰준다. IARC는 칼슘을 섭취하면 가공육이나 적색육에 의한 암 발생 위험을 낮출 수 있다고 밝혔다. 우유 등 칼슘이 풍부한 식품을 즐겨 먹으면 암 · 노화 등을 일으키는 니트로소아민이나 과산화지질의 생성을 억제할 수 있다. 칼슘이 풍부한 음식으론 우유 외에 유제품 · 멸치 · 다시마 · 미역 · 새우 · 브로콜리 등이 있다.

발효 식품인 김치의 암 예방 성분은 유산균 · 식이섬유 · 비타민 C · 폴리페놀 등이다. 김치 유산균은 장내(腸內) 염증은 물론 암의 발전 · 전이 과정을 억제시킨다. 김치의 양념 재료인 마늘 · 생강에 풍부한 염증 억제 성분들은 가공육 · 적색육의 발암 성분의 독성을 완화한다. 가공육의 '아킬레스건'인 아질산나트륨(아질산염)을 줄이는 데도 김치 유산균이 효과적이란 국내 연구결과도 있다.

녹차의 항산화 성분이자 떫은 맛 성분인 카테킨이 암 예방을 돕는다. 미국에선 녹차에서 EGCG(카테킨의 일종)란 성분을 추출해 암 치료·예방에 사용한다. 녹차가 암 예방을 돕는다는 것은 여러 동물실험과 역학조사를 통해 확인됐다. 카테킨은 암의 성장을 늦추고 암세포의 자살을 유도한다. 미국에선 마늘의 SAMC와 함께 녹차의 EGCG를 천연물 항암제로 개발 중이다.

발암물질에 대한 리스크 평가

1950년대엔 각종 화학물질의 분석 한계가 밀리그램(mg, 1000분의 1g)이나 마이크로그램(µg, 100만 분의 1g) 수준이었다. 그러나 요즘은 MS-GC 등 분석 장비의 발달로 나노그램(ng, 10억 분의 1g), 피코그램(pg, 1조 분의 1g)까지 분석할 수 있게 되었다. 과거엔 '모르는 게 약'이었던 유해물질들이 백일하에 드러나 현대인에게 스트레스를 주고 있는 것이다. 다이옥신이 좋은 예다. 다이옥신의 검출량은 수 피코그램 수준이어서 과거엔 그런 물질이 존재하는지도 몰랐다.

위해도 평가는 모든 식품엔 발암물질·중금속·식품첨가물·잔류농약 등 소비자가 우려하는 화학물질이 들어 있다는 것을 기본 전제로 한다. 득(혜택)과 실(위험)을 따져 식용 가능성을 평가하자는 것이다. 어떤 식품이든 절대선과 절대악은 없다. 김치를 항암식품으로만 여기는 사람이 대부분이지만 니트로소아민 등 발암물질이 극소량 들어 있을 수 있다. 또한 사과는 '이걸 먹고 아픈 사람이 줄어 환자가 없어지면 어쩌나' 의사가 걱정할 만큼 몸에 좋은 과일이지만 아스피린 원료인 살리실산, 소독성분인 아세톤·이소프로판올이 함유돼 있다. 우리가 김치·사과를 먹는 것은 손익계산에서 이익이 훨씬 크기 때문이다. 문제는 니트로소아민 등 발암물질의 존재 유무가 아니라 얼마나 들어 있느냐다. '독성학의 아버지'로 불리는 스위스의 의사 필리푸스 파라셀수스는 이미 500여 년 전에 '독은 곧 양Dose is poison'이라고 했다. 세상에 독이 없는 것은 없으며 얼마나 많이 먹느냐가 관건이란 뜻이다. 물도 극단적으로 과량 섭취하면 독이 된다. 우리 국민의 발암물질에 대한 인식도 '정성'(발암물질의 유무)에서 '정량'(얼마나 들어 있는지)으로 업그레이드될 때가 됐다.

발암물질의 등급을 매기는 5개 기관들

발암물질은 말 그대로 '암을 일으키거나 그 발생을 증가시키는 물질'이다. 통계청(2015년) 자료에 따르면 우리나라 인구의 10대 사인(死因)은 악성 신생물(암), 심장 질환, 뇌혈관 질환, 고의적 자해(자살), 폐렴, 당뇨병, 만성 하기도 질환, 간 질환, 운수사고, 고혈압성 질환 순이다. 전체 사망자의 70.5%가 10대 사망원인에 기인하는 것으로 집계됐다. 이 중 암으로 인한 사망률은 2014년 기준 인구 10만 명당 남성 188.7명, 여성 113.2명으로, 총 사망원인의 약 28.6%를 차지한다. 지난 10년간 사망원인 1위의 자리를 굳건히 지키고 있다.

최근엔 가공육 · 붉은 살 고기(적색육) · 디젤 자동차, 심지어는 휴대선화까지 발암 가능 물질로 논란에 휩싸이면서 국민들의 발암물질에 대한 관심과 불안감이 더욱 높아지고 있다. 시청자의 관심에 민감하게 반응하는 미디어에선 벤조피렌 · 석면 등 특정 발암물질을 앞세우기 보다는 발암물질이란 단어를 더 자주 사용하고 있을 정도다.

암은 전 세계적으로 인류가 가장 고통 받고 있는 질병 중 하나다. 암을 일으키는 데 관여하는 발암물질은 화학물질 · 미생물 등 다양하다. 세계보건기구 산하기관인 국제암연구소, EU(유럽연합), 미국 국립독성 프로그램, 미국 환경청, 미국 산업위생 전문가협의회(ACGIH) 등은 각기 발암물질 리스트와 등급을 제시하고 있다. 실험동물을 이용한 독성 시험 결과, 사람 대상 역학(疫學) 연구자료, 해당 물질의 구조, 독성 메커니즘 등 과학적 자료를 토대로 해서다.

최근 가공육을 1군 발암물질로 선정해 유명세를 탄 IARC는 1971년 이후 100여 권의 인체 발암물질에 관한 평가보고서를 발간했다. 이 작업엔 전 세계 50개국 이상, 1000명 이상의 과학자가 관여하고 있다.

IARC는 발암물질 후보에 대한 발암성 평가를 실시할 때 전문가 회의를 갖는다. 이 자리엔 인간 발암위험에 대한 역학조사 자료, 동물 발암성 평가자료, 발암 메커니즘에 대한 관련 연구자료 등을 발표한 연구자·관련 전문가가 참석한다. 전 세계에서 모인 15~30명의 전문가로 구성된 워킹 그룹Working Group이 주축이 돼 평가를 진행한다. 워킹 그룹에선 발암물질 후보의 발암성 여부를 종합적으로 검토한 뒤 결론을 내린다. IARC는 1군(Group 1), 2A군(Group 2A), 2B군(Group 2B), 3군(Group 3), 4군(Group 4) 등 5가지 그룹으로 분류하고 있다. 여기서 그룹Group을 국내 미디어가 1급으로 번역하면서 1급 발암물질이 대중에 '가장 위험하고 강력한' 발암물질로 인식됐다. 가공육을 IARC가 '1그룹' 발암물질 리스트에 포함시킨 뒤 대중의 공포가 커지자 요즘은 미디어에서도 '1급' 대신 '1군'이란 표현을 주로 쓰고 있다.

필리푸스 파라셀수스

IARC는 인체에 대한 역학연구 자료가 충분한 경우(사람에게 암을 일으킨다는) 동물실험 자료와 무관하게 '1군'으로 분류하고 있다. 사람 대상 역학 자료가 제한적(미흡)이면서 동물실험 자료가 충분하면 '2A군', 사람 대상 역학 자료가 불충분하거나 제한적이면서 동물실험 자료도 충분하지 않으면 '2B군'으로 분류한다.

비(非) 정부기관인 미국 산업위생 전문가협의회는 노동자의 건강·근무 환경과 관련된 각종 자료를 모아 주요 화학물질의 직업적 노출기준을 정해 이를 알리고 있다. 지금까지 700종 이상의 화학물질에 대해 직업적 노출기준(TLVs) 리스트를 발표했다. 여기서도 각 물질에 대한 역학연구 자료와 동물실험 자료 등을 토대로 발암성을 평가한 뒤 발암물질을 A1에서 A5까지 5단계로 분류하고 있다. 이 분류 기준은 IARC의 5단계 분류 기준과 비슷하다.

미국 국립 독성 프로그램은 미국 보건복지부 산하 기구다. 매 2년마다 발암물질보고서를 발간하고 있다. 평가과정엔 NTP 소속 과학자뿐 아니라 연방 보건기구나 규제기구, 비정부 연구소 등에 소속된 과학자들이 참여한다. NTP는 발암물질 후보의 발암성을 2가지로 분류하고 있다. 발암성 평가를 하는 전 세계 5개 기관에서 모두 1급 또는 1군으로 규정하고 있는 발암물질은 벤젠·염화비닐·비스(클로로메틸)에테르·벤지딘·석면·6가 크롬 등이다.

우리가 먹는 음식이 발암물질인가?

2004년 《사이언스》 제304호엔 2000년 한 해 동안 미국에서 암으로 숨진 사람들(115만 9000명)의 암 발생 원인을 조사한 연구논문이 실렸다. 암에 걸리는 첫째 원인은 담배(43만 5000명), 둘째는 잘못된 식생활과 운동부족(40만 명)이었다. 따라서 둘만 잘 관리(사려 깊은 음식 섭취·금연 등)해도 암 환자를 지금의 3분의 1 수준으로 줄일 수 있다는 계산이 나온다.

그렇다면 우리가 매일 먹는 식품이 발암물질이란 말인가? 당연히 이런 의문이 들 것이다. 대부분의 식품은 발암과 무관하다. 채소·과일 등 암 예방 식품도 많다. 암과 관련해 의심을 받는 식품은 극소수다. 술이 식도암·간암, 소금이 위암, 기름진 지방 음식이 대장암·유방암·전립선암 발생에 기여할 가능성이 있다는 정도다. 그나마 이들의 혐의는 '의혹' 수준이며 '확정'된 것도 아니다.

따라서 우리가 식품 그 자체에서 발암물질을 찾아내려 든다면 완전히 헛다리짚은 것이다. 그보다는 식품의 조리·제조 과정을 들여다봐야 한다. 식품의 조리 중엔 'HAA'·'PAH'라는 발암가능 물질이 생긴다. HAA는 쇠고기·닭고기·생선에 열을 가할 때 고기의 아미노산들(단백질 구성 성분)이 변성된 것이다. PAH도 주로 고기를 굽는 과정(지방의 변성)에서 생긴다. PAH와 HAA는 하나의 유해물질이 아니라 여러 유해물질을 총괄하는 용어다. 최근 올리브유에서 검출됐던 벤조피렌은 PAH

중에서 발암성이 가장 강력한 녀석이다.

이 둘을 전혀 안 먹고 살 수는 없다. 그러려면 육식은 포기해야 한다. 다행히 섭취를 줄이는 방법이 있다. 가장 효과적인 방법은 고기의 타거나 검게 그을린 부위를 떼어 내고 먹는 것이다. 태운 정도가 심할수록 PAH와 HAA가 더 많이 만들어지기 때문이다. 스테이크 집에서 주문할 때 '웰던'보다 '미디엄'이 건강에 이롭다고 보는 것은 그래서다.

고기를 미리 절이는 것도 훌륭한 대안이다. 마늘 · 올리브유 · 레몬주스 · 소금 · 설탕 · 식초 · 감귤주스 등에 절여 조리하면 HCA의 발생량이 92~99%나 감소한다는 미국암연구기금(AICR)의 연구결과도 있다. 절이는 시간은 생선 15분, 껍질을 제거한 닭고기는 30분, 쇠고기 · 돼지고기는 1시간이면 적당하다. 미국에선 '매리네이드(marinades, 절임)의 마술'을 소비자에게 적극 홍보 · 교육하고 있다.

고기 하나를 조리할 때도 우리 전통의 조리법은 빛이 난다. 고기를 굽거나 튀기는 서양 요리에 비해 삶거나 찌는 우리 방식은 발암가능물질의 생성을 확실히 줄여준다. 쇠고기를 구웠을 때는 벤조피렌(PAH의 일종)이 0.25ppb, 삶았을 때는 0.02ppb 검출됐다는 국내 학자의 연구결과가 이를 뒷받침한다.

1군 발암물질 벤조피렌 회피한 조상의 지혜

IARC는 벤조피렌을 1군 발암물질로 분류했다. 수십 년간 일정 농도 이상 섭취하면 암, 특히 위암에 걸릴 수 있다는 것이 사람을 대상으로 한 연구를 통해 확인됐기 때문이다. 벤조피렌에 짧은 기간 노출되더라도 그 양이 많으면 적혈구가 파괴되고 면역력이 떨어진다. 임신부가 벤조피렌에 과다 노출되면 태아에게도 나쁜 영향을 미치게 된다.

문제는 벤조피렌이 식품을 가열 · 조리하는 과정에서 필연적으로 생긴다는 사실이다. 숯불구이 · 스테이크 · 훈연(燻煙)식품 등 가열한 육류, 생선 · 건어물 · 표고버섯 등의 탄 부위, 커피 등 볶은 식품에서 주로 검출된다. 지방이 풍부한 식품을 열처리하는 과정에서도 생긴다. 담배 연기 · 자동차 배기가스 · 쓰레기 소각로 연기 등에도 벤조피렌이 소량 포함돼 있다.

따라서 식탁에서 벤조피렌을 완전 추방하는 것은 사실상 불가능하다. 그러려면 화식(火食)을 포기하고 거주지를 남극 등 청정지역으로 이전해야 한다. 현실적인 대안은 가능한 한 벤조피렌을 적게 먹는 것이며 방법은 있다. 삼겹살 · 숯불구이 · 바비큐 · 스테이크 등 고기를 불에 직접 구워 먹는 횟수를 줄여야 한다. 고기의 지방 성분과 불꽃이 직접 접촉할 때 벤조피렌이 가장 많이 발생하기 때문이다. 고기는 석쇠보다 두꺼운 불판이나 프라이팬에 굽는 것이 건강에 이롭다. 숯불 대신 프라이팬에 구우면 벤조피렌 발생량이 100분의 1 정도로 감소한다. 가열 · 조리 시간을 최대한 단축하는 것도 방법이다.

고기가 불에 타서 검게 그을린 부위에는 벤조피렌에 들어 있을 수 있으므로 탄 부위는 반드시 잘라내고 먹는다. 기름에 튀기거나 볶은 음식의 섭취도 최대한 줄인다. 고온으로 튀기거나 볶을 때 벤조피렌이 생기기 때문이다. 소시지 · 칠면조 고기 등 훈연한 식품에서도 벤조피렌이 자주 검출된다. 소시지나 햄을 프라이팬에 구워 먹는 것은 자제해야 한다. 이 과정에서도 벤조피렌이 생기기 때문이다.

되도록 열을 가하지 않는 방법으로 제조한 식용유를 사용하는 것도 방법이다. 콩기름 · '엑스트라 버진'(최고급 올리브유) 등에서는 벤조피렌이 거의 검출되지 않는다. 그러나 깨나 들깨를 볶아 식용유를 만들면 벤조피렌이 생긴다. 가끔 정제 올리브유인 '포마스'와 옥수수기름에서 벤조피렌이 검출돼 식용 부적합 판정을 받는 것도 이런 식용유를 제조할 때 가열 과정을 거치기 때문이다.

벤조피렌의 섭취를 최대한 줄이려면 우리 선조가 고안한 건강 조리법인 삶기 · 찌기를 적극 활용하는 것이 좋다. 삶거나 찐 음식에서는 벤조피렌이 거의 검출되지 않는다. '구이는 동, 수육은 금'인 것은 그래서다. 우리 전통 음식인 설렁탕 · 삼계탕 등도 벤조피렌으로부터 안전하다. 금연도 벤조피렌 섭취를 줄이는 효과적인 방법이다.

암 예방 식품과 암 촉발 식품

실제로 대부분의 암 발생은 우리의 생활환경과 관련이 있다. 음식과 담배가 암 발생에서 차지하는 비율은 각각 35% · 30%에 달하는 것으로 조사됐다. 국내외의 수많은 의학자 · 한의학자 · 영양학자 · 식품학자 · 건강 전문가 등이 저마다 암 예방(항암) 식품을 추천한다. 그 수는 헤아리기도 힘들 정도다. 세계암연구재단도 '15대 항암 식품'을 선정했다. 이 리스트에 포함된 식품의 면면을 보면 전문가들이 왜 채소 · 과일 섭취를 강조하는지 이해가 간다. 이 리스트에서 최고의 항암 식품으로 꼽힌 것은 시금치다. 다음은 오렌지 · 브로콜리 · 마늘과 양파 · 파파야 · 토마토 · 고구마 · 포도 · 완두 · 콩 등의 순서다.

시금치엔 암 등 성인병의 주범인 활성(유해)산소를 없애는 항산화 성분이 풍부하다. 베타카로틴 · 비타민 C · 루테인 등이 시금치에 든 항산화 성분이다. 이런 성분들을 충분히 섭취하려면 시금치를 가능한 한 재빨리 조리해야 한다. 비타민 C는 물에 녹는 수용성 비타민인데다 가열하면 금세 파괴되기 때문이다. 루테인도 오래 조리하면 파괴돼 버린다. 시금치를 조리할 때 콩기름 등 기름을 사용하면 지용성인 베타카로틴 · 루테인을 더 많이 섭취할 수 있다.

서양에서 가장 인기 높은 항암식품은 브로콜리 · 레드 와인 · 블루베리다. 브로콜리는 미국 국립암연구소(NCI)가 마늘과 함께 최고의 항암식품으로 선정해 주가가 더 올라갔다. 브로콜리의 항암성분은 인돌-3-카비놀 · 설포라판 · 식이섬유 등이다. 인돌-3-카비놀은 전립선암의 성장을 억제하고, 설포라판은 유방암 세포의 증식을 막아주고, 폐암 · 대장암 예방을 돕는다는 연

고기의 지방 성분과 불꽃이 직접 접촉할 때 벤조피렌이 가장 많이 발생하므로, 검게 그을린 부분은 반드시 잘라내고 먹는 게 좋다.

구논문이 있다. 애연가나 육식주의자에게 브로콜리가 추천되는 것은 이래서다. 컬리플라워 · 양배추 · 순무 · 케일 · 냉이 등이 항암 효과가 있을 것으로 기대하는 것은 이들이 브로콜리와 같은 십자화과(양배추과) 채소여서다.

레드 와인(적포도주)은 암 예방뿐 아니라 심장병 · 노화 억제에도 효과적인 술로 통한다. 레스베라트롤이란 항암 성분이자 강력한 항산화 성분이 풍부해서다. 레스베라트롤은 포도 껍질의 성분이다. 따라서 레드 와인 대신 포도를 먹거나 포도주스를 마셔도 효과는 비슷하다. 레드 와인이 웰빙주라고 해서 하루에 2잔 이상 마시는 것은 안 된다. 과음하면 다른 술과 마찬가지로 간에 부담을 주며 유방암 · 간암 등을 유발할 수 있다.

서양에선 딸기(스트로베리)의 사촌인 블루베리 · 라즈베리 · 크랜베리 · 블랙베리 · 브라질 아사이베리 등의 항암 효과가 집중 연구되고 있다. 미국 일리노이주립대학 연구진은 '베리 형제들' 가운데 야생 블루베리의 항암 능력이 가장 뛰어나다고 평가했다. 블루베리에 든 안토시아닌(항산화성분의 일종, 블랙 푸드의 껍질 성분)은 세포에 유해산소가 쌓이는 것을 막아준다. 검붉은 색소인 안토시아닌은 블랙베리에도 들어 있다. 또 크랜베리엔 안토시아닌 외에 녹차의 항암성분인 카테킨까지 들어 있다. 브라질 아사이베리는 사람의 백혈병(혈액암의 일종) 세포를 죽이는 것이 확인됐다.

동양인이 즐겨먹는 대표 항암식품은 녹차 · 버섯 · 콩이다. 학자들은 녹차의 항암 성분으로 카테킨을 지목한다. 녹차엔 떫은 맛 성분이면서 항산화 성분인 카테킨이 10~18%나 들어 있다. 카테킨은 발암물질이 유전자(DNA)를 손상시키는 단계부터 차단한다. 또 발암물질인 벤조피렌 · 아플라톡신 등이 사람의 정상 유전자와 결합하지 못하도록 막아준다. 카테킨은 이미 손상된 유전자의 회복을 돕고 암세포가 신생혈관을 만들면서 다른 부위로 전이되는 것도 억제한다. 이를 주성분으로 한 항암제도 개발 중이다. 항암 효과를 기대하려면 녹차를 하루 5~10잔,

녹차 잎으론 매일 6g을 먹어야 한다. 잎은 잘게 썰어 밥이나 반찬에 뿌려 먹으면 된다.

버섯의 항암 성분은 베타글루칸으로, 수용성(물에 녹는) 다당류이다. 우리나라에선 혈관 건강에 이로운 성분으로 알려져 있으나 일본에선 항암성분으로 더 유명하다. 베타글루칸은 열을 가해도 잘 파괴되지 않으므로 가열 · 조리해 먹어도 상관없다. 수용성인 베타카로틴을 더 많이 섭취하려면 버섯을 꼭꼭 씹어 먹는 것이 좋다(침이 더 많이 분비). 버섯 불린 물 · 버섯 조림 국물도 버리지 말고 잘 챙겨 먹는다. 일본시험분석센터 자료에 따르면 베타글루칸 함량이 가장 높은 버섯은 꽃송이버섯(100g당 43.6g)이다. 잎새 · 영지 · 느타리 · 송이 · 아가리쿠스 등도 베타글루칸이 풍부한 버섯에 속한다.

콩의 항암성분은 이소플라본과 사포닌이다. 특히 여성호르몬(에스트로겐)과 비슷한 작용을 해서 식물성 에스트로겐이라 불리는 이소플라본은 유방암 · 대장암 예방 효과가 기대된다. 이소플라본은 콜레스테롤을 낮추고 얼굴이 확 달아오르는 등 여성의 갱년기 증상을 덜어주는 데도 유용하다. 항암 효과를 얻으려면 콩조림 · 된장국 · 청국장 · 두부 · 두유 등 콩이 든 음식을 최소한 매주 2~4회는 먹어야 한다. 조직이 단단한 콩보다 두부 · 청국장 · 된장 등이 소화 · 흡수가 더 잘 된다.

동 · 서양인이 함께 즐기는 항암식품으론 마늘 · 토마토를 들 수 있다. 마늘은 고대 이집트의 피라미드 비문에 '스태미나 식품'으로 기록돼 있다. 피라미드를 쌓기 위해 동원된 노예 등에게 마늘을 먹여 체력을 극대화시켰다. 그러나 요즘은 항암식품으로 더 알려져 있다. 중국에서 실시된 역학조사 결과에 따르면 연간 1.5㎏씩 마늘을 먹는 사람이 암에 걸릴 위험은 거의 안 먹는 사람에 비해 50%나 낮았다. 마늘의 항암성분은 황화 아릴류와 S-아릴 시스테인이다. 이 두 성분을 효과적으로 섭취하려면 마늘에 기름을 넣고 볶는 것이 좋다. 그러나 지나치게 고온에서

조리하면 항암성분이 분해될 수 있으므로 빻은 마늘을 100도 이하에서 1~2분가량 볶는다. 마늘을 소주에 담가 놓으면 수용성인 S-아릴 시스테인이 빠져나온다. 생마늘은 자극성이 강하므로 하루 한쪽, 익힌 마늘은 하루 두세 쪽 정도 먹는 것이 적당하다. 미국 국립암연구소에 따르면 마늘이 위암 · 위궤양의 원인 중 하나인 헬리코박터균의 증식을 억제한다고 한다.

토마토의 항암 · 항산화 성분은 라이코펜이다. 라이코펜의 항암능력은 항산화 비타민인 베타카로틴의 거의 두 배에 달한다. 미국 남성들은 토마토를 전립선암 예방 식품으로 간주한다. 토마토를 올리브유 등 기름에 살짝 볶아서 먹으면 지용성인 라이코펜의 흡수가 촉진된다.

지금까지 열거한 항암식품의 공통점은 채소 아니면 과일이란 사실이다. 미국에서 '5 a day' 운동(하루에 5접시의 채소나 과일 섭취하기)을 벌이는 것은 이래서다. 채소 · 과일엔 3대 항산화 비타민으로 알려진 베타카로틴 · 비타민 C · 비타민 E가 풍부하다. 항산화 비타민은 노화와 암의 원인인 유해 산소를 없애준다. 식이섬유도 많이 들어 있다. 식이섬유는 대장의 움직임을 활발하게 해 변비를 예방하고 발암물질 등 유해 물질이 장에 머무르는 시간을 단축시킨다. 현미 · 보리 · 통밀 등 거친 음식, 채소, 과일 등 식이섬유가 풍부한 식품을 먹으면 요즘 국내에서 환자수가 빠르게 증가하고 있는 대장암의 발생 위험을 낮출 수 있다.

발암물질 등 암 발생을 촉진하는 것들을 적극 피하는 것도 효과적인 암 예방법이다. 세계 암연구기금(WCRF)과 미국 암연구기금은 1960년 이후 전 세계에서 진행된 7000개의 암 관련 연구를 분석한 뒤 적색육 · 알코올 · 소금 · 설탕 · 영양 보충제 등이 암 발생에 크게 기여한다고 발표했다.

적색육(쇠고기 · 돼지고기 · 양고기 등)과 육가공식품(햄 · 베이컨 · 살라미 · 소시지 등)을 과다 섭취하면 특히 대장암 발생 위험이 높아지는 것으로 알려져 있다. 1인당 육류 섭취량이 세계 최고 수준인 뉴질랜드인들은 대장암에 잘 걸린다. 반면 육류를 거의 먹지 않는 아프리카 나이지리아인들에게 대장암은 희귀 암이다. 따라서 조리된 적색육의 섭취를 주당 500g 이하(날고기로는 주당 700g 이하)로 줄이고 육 가공 식품은 되도록 적게 섭취하는 것이 좋다. 또 고기를 굽는 과정에서 발암 물질이 생길 수 있으므로 탄 부위를 떼어 내고 먹어야 한다. 숯불에 굽거나 가열로 검게 탄 식품에는 벤조피렌 등 강력한 발암물질이 들어 있어서다.

지나친 알코올 섭취가 유방암 · 대장암 발생과 관련이 있다는 연구 결과도 적지 않다. 따라서 암 예방을 위해 남성은 하루 2잔, 여성은 하루 1잔 이내로 음주량을 제한하는 것이 바람직하다. 맥주를 기준으로 하면 남성은 하루 800㎖, 여성은 500㎖ 가량이다. 음주와 암의 관계에선 알코올의 양이 중요하며, 술의 종류와는 무관하다. 웰빙술로 통하는 레드와인도 과다 섭취하면 암 유발 요인이 될 수 있다. 여성은 매일 한 잔의 음주가 유방암 발생 위험을 11% 높인다는 조사 결과도 있다. 따라서 유방암 가족력이나 위험 요인이 있는 여성은 술을 가까이 하지 않는 것이 좋다.

과다한 소금 섭취는 위암을 부를 수 있다. 위암은 우리나라 남성 암 발생률 1위의 암이다. 너무 짠 음식이나 소금에 절인 염장 음식은 위 점막을 손상시켜 위암 발생을 돕는 것으로 알려져 있다. 인체 실험에서도 과다한 소금 섭취가 위암의 '예고탄'인 위축성 위염의 발생률은 높이는 것으로 나타났다. 젓갈 등 염장 음식을 즐겨 먹는 사람이 위암에 잘 걸린다는 역학 조사 결과도 나왔다. 실제로 동아시아 · 북유럽 · 서유럽 등 음식을 짜게 먹는 나라의 위암 발생률이 미국보다 2~3배 높다. 고혈압 뿐 아니라 암 예방을 위해서도 소금을 하루 6g 이하 섭취하는 것이 좋다.

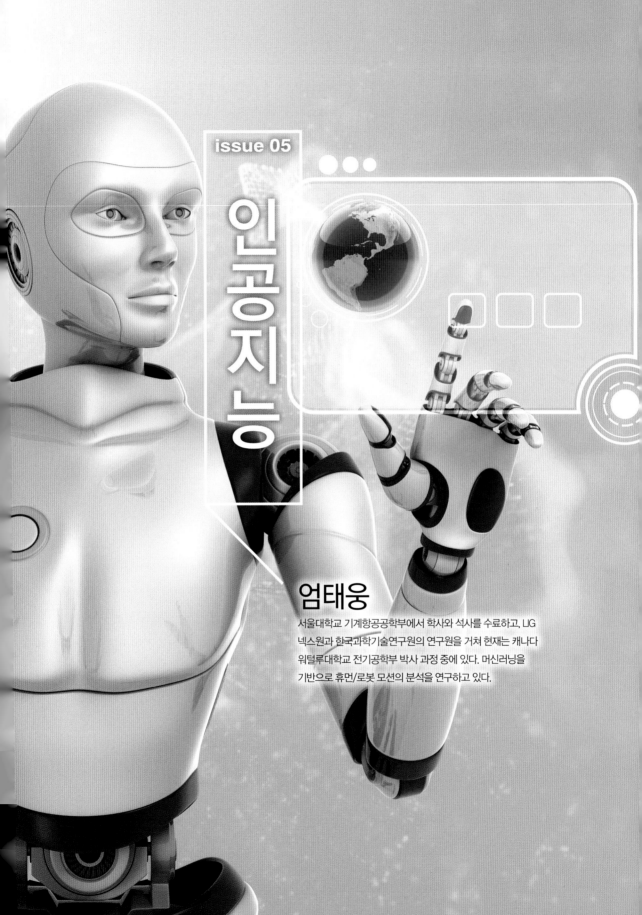

issue 05

인공지능

엄태웅

서울대학교 기계항공공학부에서 학사와 석사를 수료하고, LIG 넥스원과 한국과학기술연구원의 연구원을 거쳐 현재는 캐나다 워털루대학교 전기공학부 박사 과정 중에 있다. 머신러닝을 기반으로 휴먼/로봇 모션의 분석을 연구하고 있다.

인공지능이 인간을
지배할 수 있을까?

2015년, 인공지능 전쟁의 서막

세계 최고의 기술 산업들이 탄생한다는 미국 캘리포니아의 실리콘밸리. 인텔, HP 등 전 세계를 호령하는 IT기업이 탄생한 미래 기술의 진원지 실리콘밸리는 스타트업 열풍으로 그 어느 때보다 뜨거운 한 해를 보냈다. 집의 빈방을 여행객에게 공유하는 서비스인 에어비앤비의 시가총액은 약 32조 원으로 거대 호텔체인 힐튼월드와이드의 26조 원을 넘어선 지 오래이고, 모바일로 택시를 부르는 서비스 우버 역시 시가총액 약 80조 원으로 현대자동차의 시가총액 33조 원을 두 배 이상 뛰어넘었다. 신기술로 끊임없이 세상에 파괴적 혁신을 가져오는 실리콘밸리, 지금 이곳의 IT기업들이 가장 주목하고 있는 기술은 무엇일까?

유명 퀴즈쇼 제퍼디에서 우승을 거머쥔 슈퍼컴퓨터 왓슨의 모습 (사진: https://www.flickr.com/photos/charliecurve/5449250821)

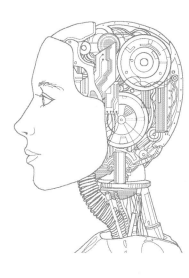

　그것은 바로 공상과학 영화에서 많이 봐왔지만 아직까지 실현되지 않았던 미래기술, 바로 '인공지능(Artificial Intelligence, AI)'이다. 구글은 인공지능을 이용해 사람 없이 스스로 운전할 수 있는 차량인 자율주행차를 개발해 현재 실전 투입을 눈앞에 두고 있다. IBM이 개발한 슈퍼컴퓨터 왓슨Watson은 2011년 미국의 유명 퀴즈프로그램 제퍼디Jeopardy에서 문제를 음성으로 듣고 부저를 눌러 푸는 동등한 환경에서 기존 퀴즈의 달인들을 제치고 우승한 바 있다. 뿐만 아니라 체스, 장기 등에 이어 경우의 수가 많아 정복이 어렵다던 바둑마저 인공지능에 의해 정복당할 기세이다. 비록 얕은 속임수를 쓰기도 한 것으로 알려져 있긴 하지만 2014년 인공지능이 튜링테스트를 통과했다는 소식은 우리에게 인간의 지능에 가까운 인공지능의 출현에 대한 경각심을 안겨주기도 하였다.

　사실 인공지능이 우리의 삶에서 아주 동떨어진 기술은 아니다. 우리가 매일 사용하는 스마트폰에도 인공지능 기술이 들어 있다. 대표적인 것이 바로 카메라의 초점을 자동으로 잡아주는 '얼굴인식' 기능과 애플 시리Siri와 같은 '음성인식' 기능이다. 이들은 인간의 인위적인 개입 없이 인간이 의도하는 바를 '알아서' 처리해 주는데, 이러한 기능을 하는 모든 에이전트들을 우리는 인공지능이라 부를 수 있다. 인터넷 검색을 할 때 자동으로 추천 검색어를 띄워 주는 것도, 유튜브에서 외국 영상을 보면 자동으로 자막이 생성되는 것도 모두 인공지능이 우리에게 주는 혜택들이다. 이렇듯 이제 많은 미래상품들의 경쟁력은 인공지능 기능에 따라 그 성패가 갈릴 것으로 보인다. 이것이 바로 실리콘밸리 기업들이 인공지능을 파괴적 혁신을 가져올 미래의 주역으로 보는 이유 중 하나이다.

현재에도 조금씩 인공지능에 파괴적 혁신이 이루어지는 분야들을 볼 수 있다. 대표적인 예로는 의료 분야와 금융 분야를 들 수 있다. 인공지능이 잘 적용되려면 (i) 빅데이터를 쉽게 수집할 수 있어야 하고, (ii) 그것이 정형화된 (일정한 틀을 따르는) 데이터이면 더욱 유리하며, (iii) 애매한 상황보다는 숫자로 읽힐 수 있고 숫자로 기여 가능한 환경이면 더더욱 인공지능의 적용이 용이해진다. 그런 측면에서 볼 때 의료 분야와 금융 분야는 인공지능이 접근하기 비교적 용이한 산업으로 분류된다.

의료 분야에서는 X-레이 · CT · MRI 등 메디컬 이미지를 인공지능을 이용해 자동분석하는 분야가 급부상하고 있으며, 미래엔 간단한 진료 역시 방대한 의학데이터를 기반으로 한 인공지능이 해결해 줄 수 있을 것이란 전망이다. 금융 분야에서는 사람이 주식변동 그래프를 보고 투자를 판단하는 것이 아니라 인공지능이 다양한 자료들을 직접 숫자로 받아들여 투자를 판단하는 알고리즘이 각광을 받고 있다. 보험업계 역시 보험료 계산을 데이터에 따른 위험률에 기반하여 인공지능이 판단하도록 하고 있다. 이러한 산업에 대한 인공지능의 잠식은 단지 미래사회의 예고편에 불과하다. 앞으로 많은 영역들이 인공지능의 자동알고리즘에 의해 대체될 것으로 보이며, 이에 따른 직업군의 변화 역시 매우 클 것임에 틀림없다.

미래 기술사회에서 인공지능의 역할은 아무리 그 중요성을 강조해도 지나침이 없다. 하지만 이 기술을 올바르게 이해하고 더 발전시키

순위	직업	위험성	종사자 수
1	텔레마케터	99.0%	43,000
2	(컴퓨터)입력 요원	98.5%	51,000
3	법률비서	98.0%	44,000
4	경리	97.6%	132,000
5	분류업무	97.6%	22,000
6	검표원	97.6%	63,000
7	판매원	97.2%	70,000
8	회계 관리자	97.0%	436,000
9	회계사	97.0%	35,000
10	보험사	97.0%	77,000
11	은행원	96.8%	146,000
12	기타 회계 관리자	96.8%	175,000
13	NGO 사무직	96.8%	60,000
14	지역 공무원	96.8%	147,000
15	도서관 사서	96.7%	26,000
		총 종사자 수	1,527,000

BBC가 발표한 미래에 사라질
위험이 있는 직업군 순위

기 위해서는 인공지능을 단지 SF영화의 이야깃거리로 말하는 것에서 벗어나 좀 더 현실적으로 다룰 필요가 있다. 인공지능은 과연 어떠한 과정을 통해 발전되어 왔을까? 최근 들어 왜 갑자기 인공지능 기술이 주목받는 것일까? 많은 사람들에게 회자되는 기계학습과 딥러닝이란 과연 어떤 기술일까? 지금부터 이 질문들에 대해 답해 보도록 하자.

20세기의 인공지능 : 탐색과 추론

인공지능에 대한 이야기를 할 때 꼭 나오는 이야기 중 하나가 바로 강한 인공지능과 약한 인공지능에 대한 이야기이다. 강한 인공지능은 인간과 같이 감정을 갖고 사리판단을 할 수 있는 인간과 비슷한 객체로서의 인공지능을 이야기하고, 약한 인공지능은 특정 기능만을 대체하는 부분적 인공지능을 일컫는다. 이는 매우 오래된 담론으로 현대에 있어서는 그리 중요한 이야기는 아닌 것 같다. 왜냐하면 현대에는 이에 대한 특별한 구분 없이 핸드폰과 같은 기기에 탑재되는 약한 인공지능에 대한 연구부터 시작하여 종합적 사고판단을 할 수 있는 강한 인공지능을 목표로 활발한 연구가 이루어지고 있기 때문이다. 참고로 많은 이들이 인공지능의 잠재적 해악을 이야기할 때 '인공지능이 인간을 해치면 어떻게 하는가?'와 같은 질문을 던지는데, 강한 인공지능에 도달하기까지의 기술개발의 길이 아직 매우 멀기에 그것에 대한 두려움을 갖기엔 아직은 약간 이른 담론이 아닌가 싶다.

지금부턴 인공지능의 순차적 발전 과정을 살펴보고자 한다. 그것을 이해한다면 아마도 지금의 인공지능 붐과 미래의 인공지능에 대해 연속성 있게 예측할 수 있는 눈을 갖추게 될 것이다.

초기의 인공지능은 트리 탐색tree search 문제풀이에 가까웠다. 대표적인 인공지능 문제 중 하나인 하노이의 탑을 한번 생각해 보도록 하자. 이 문제의 규칙은 간단하다: (i) 원판은 한 번에 하나씩만 옮길 수 있으며, (ii) 큰 판은 작은 판 위로 올라갈 수 없다. 이 두 가지 규칙을 지키며 한쪽에 있는 원판들을 모두 다른 한쪽으로 옮기는 것이 하노이의 탑 문제의 목표이다. 이 문제는 매우 간단해 보이지만 직접 해보면 그리 간단하게 풀리는 문제는 아니란 점을 깨닫게 될 것이다.

고전의 인공지능은 이 문제를 트리 탐색 문제로 대치하여 해결한다. 예를 들어 초기 상태에서 내가 할 수 있는 행동은 맨 위에 있는 원판

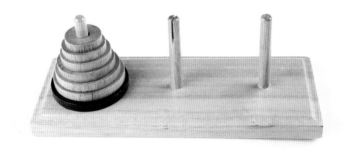

인공지능의 고전 문제 중 하나인 '하노이의 탑' 문제. 이 문제는 탑의 현재 상태와 이 상태에서 취할 수 있는 행동들을 기반으로 트리를 만들어 그 트리의 탐색 문제로 대치하여 풀 수 있다.

을 두 번째 또는 세 번째 칸으로 옮기는 것이다. 이것은 첫 노드에서 다른 두 노드로 가지를 뻗어나가는 것으로 생각할 수 있다. 마찬가지로 그 이후의 노드들 역시 각각의 상태에서 취할 수 있는 행동과 이후 얻어지는 결과 상태의 가지들로 표현할 수 있을 것이고, 이를 반복하면 모든 경우의 수에 방대한 트리를 얻을 수 있을 것이다. 남은 일은 어떠한 경로를 따라가야 원하는 정답 상태까지 도달할 수 있을지 트리를 탐색하는 것이다.

고전의 인공지능 문제는 이러한 거대한 트리 속에서 어떻게 하면 빠르게, 그리고 정확히 해답을 찾을 수 있을까에 대한 문제였다. 다시 말해 현실에 해결해야 할 문제가 있다면 그것을 내가 취할 수 있는 행동과 결과 상태들에 대한 경우의 수로 나열하여 방대한 트리를 만들고, 그 트리를 탐색함으로써 문제에 대한 해결책을 얻는 것이다. 모든 노드를 모두 탐색(방문)한다는 것은 모든 경우의 수를 다 따져보는 것과 동일한 뜻인데, '어떤 순서로 노드들을 탐색하느냐'가 인공지능의 성능을 크게 좌우한다. 대표적인 트리 탐색방법으로는 한 가지 줄기씩 모두 탐색하는 깊이우선탐색(depth-first search, DFS)과 같은 높이의 노드들을 모두 방문하며 내려가는 너비우선탐색(breath-first search, BFS)이 있다. 미로 찾기나 체스 같은 간단한 인공지능 문제들은 이렇게 트리 탐색 문제로 대치하여 문제를 해결할 수 있다.

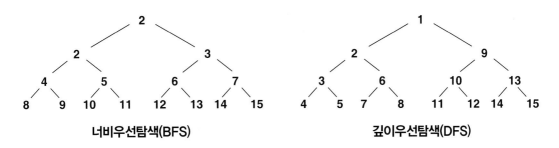

너비우선탐색(BFS)   깊이우선탐색(DFS)

고전의 인공지능 문제는 선택의 경우의 수에 따른 트리 탐색으로 대치할 수 있다. 위의 그림은 3번의 양자택일 선택에 따른 경우의 수 트리를 보여주는데, 각 단계별로 선택 가능한 경우의 수를 모두 따져보는 너비우선탐색(BFS)과 한 가지 길씩 체크해 보는 깊이우선탐색(DFS)을 보여주고 있다.(그림에서 숫자는 노드를 방문하는 순서를 나타낸다.)

　하지만 이러한 접근 방법에는 문제가 존재한다. 우리가 현실에서 맞이하는 문제들은 하노이의 탑이나 체스처럼 명확하게 정의가 되지 않는 경우가 대부분이기 때문이다. 사진에서 얼굴을 인식하는 문제를 예로 들어보자. 이미지에는 어떠한 상태들을 정의할 수 있을까? 100×100 사이즈의 흑백사진만 해도 각 픽셀이 0(흑) 또는 1(백)을 가리킨다고 하면 총 21만 가지의 셀 수 없을 정도로 많은 상태가 존재하게 될 것이다. 이들 하나하나의 경우의 수에 의미를 부여하는 것이 과연 현명한 방법일까? 결과적으로 트리 탐색의 인공지능은 문제를 시스템적으로 해결하고자 하는 최초의 시도로서 의미가 있었지만 그것들은 간단한 게임과 같은 정형화된 상황에만 적용 가능한 인공지능이었을 뿐, 인간이 마주하는 현실을 잘 해결할 수 있는 접근 방법은 아니었던 것이다.

　모든 경우의 수를 따져 문제를 해결하고자 하는 트리 탐색 기반의 인공지능과 달리, 많은 양의 지식을 에이전트에 주입시킴으로써 인공지능이 지식을 기반으로 판단하게끔 하는 지식추론 기반의 전문가 시스템(expert system)도 고전 인공지능의 한 축을 이루었다. 예를 들면 이 세상의 모든 의학지식을 에이전트에 주입하여 의사의 역할을 할 수 있는 인공지능을 꿈꾸거나 법률에 대한 모든 지식을 주입하여 법률가의 역할을 할 수 있는 인공지능을 꿈꾸었던 것이다. 연구자들은 세상에 있는 모든 지식을 모두 에이전트에 탑재해 그 지식을 기반으로 옳은 판단을 내리는 인공지능을 개발하려는 시도를 했으며, 만약 세상의 모든 지식을 에이전트에 담을 수 있다면, 그 에이전트는 인간보다 뛰어난 판단력을 가질 수 있을 것이라 기대했었다.

　하지만 이 역시도 결국 미완의 시도로 끝이 났다. 실패한 가장 큰 이유는 세상에 존재하는 대부분의 판단은 매우 '애매한' 조건들 속에서 이루어지는 '종합적' 판단이라는 것이다. 예를 들어 우리는 친구가 문을

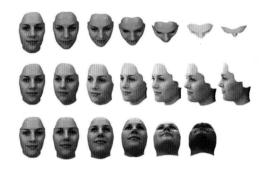

(사진출처: http://
socialsciences.uow.edu.au/
psychology/research/pcl/
members/UOW040587.html)

열고 들어와 축 처진 어깨로 슬픈 눈빛을 하며 "안녕"이라고 말하는 것
만으로도 "너 오늘 무슨 일 있어?"라며 그 상황을 이해하고 대응할 수
있다. 하지만 인공지능을 위해 이러한 애매한 조건들 속의 지식을 일일
이 코딩하는 것은 거의 불가능에 가깝다. (예를 들어 '슬픈 눈빛이란 평
소의 눈 크기보다 30%가량 작은 눈 크기로 10도 이상 처진 눈꼬리를 가
졌을 때를 말한다'라고 정의하는 것 자체가 불완전하고 거의 불가능에
가까운 작업들이다.) 따라서 세상의 모든 상황을 알려줄 순 없다는 점,
그리고 사람은 모순된 상황들 속에서 종합적인 판단을 한다는 점에서
전문가 시스템 기반의 인공지능은 이내 한계점을 맞이하게 된다.

위의 사진은 비록 다양한 각도에서 찍힌 한 사람의 모습이지만 인
간은 이것을 보고 같은 인물임을 곧바로 알 수 있다. 하지만 인공지능
은 어떨까? 물체(얼굴)가 보여질 수 있는 모든 가능성들을 빠짐없이 코
딩하는 것이 가능할까? 그러한 방식으로 과연 완벽한 인공지능을 만
들 수 있을까? 아마 쉽지 않을 것이다. 이러한 점에서 전문가 시스템 기
반의 인공지능은 금세 한계점을 나타내었다. 이러한 한계들 속에서 새
로운 인공지능의 패러다임으로 떠오른 것이 바로 기계학습Machine
Learning이다. 기계학습은 기존의 논리, 추론 위주의 인공지능과는 달
리 경험을 통해 쌓인 데이터로부터 귀납적으로 판단을 내린다. 이는 인
간의 학습방법과도 매우 유사하다고 볼 수 있다. 어떠한 룰에 따라 판단
하는 것이 많은 경험의 '패턴'을 통해 별 고민 없이 판단을 내릴 수 있듯,
인공지능도 데이터를 기반으로 그러한 시도를 해보자는 것이 바로 기계

학습의 시작이었다. 스스로 학습하는 인공지능인 기계학습. 기계학습은 21세기의 새로운 핫 키워드로 떠오른다.

현재 기술 사회의 가장 핫한 이슈, 기계학습

기계학습이란 경험experience을 통해 특정 작업task의 성능performance을 향상시키는 방법을 말한다. 이는 몇 가지 특정한 사건들보다 다수의 사건에 대한 경험을 통해 그들의 추세(패턴)를 학습하고, 이를 기반으로 판단을 내린다는 점에서 '패턴인식Pattern Recognition'이라고도 불리는데, 전통적인 통계학을 기반으로 한 인공지능의 새로운 패러다임이라고 할 수 있다.

기계학습 이전의 고전 인공지능은 다양한 상황들에 대해 인간이 정해준 규칙에 따라 판단하는 논리 기계와 유사했다. 하지만 세상일은 워낙 다양한 요인들에 의해 발생하고 일반적인 규칙으로는 설명할 수 없는 예외적인 상황도 종종 발생하다 보니 실제 문제의 적용에 있어서 고전 인공지능은 무한한 케이스들에 대한 끝없는 수정과 보완을 필요로

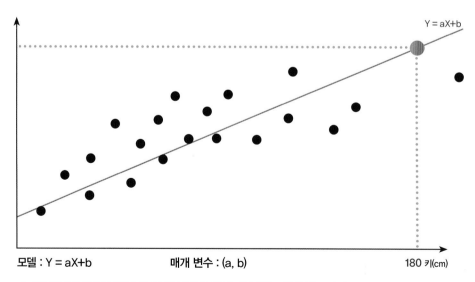

모델 : Y = aX+b　　　　매개 변수 : (a, b)　　　　180 키(cm)

➡ 주어진 데이터를 기반으로 가장 적합한 답을 예측하는 것이 목표이다.

했었다. 그럼에도 불구하고 우리는 무한한 케이스들 모두를 대응할 수 없기에 기존의 인공지능은 단순한 문제에만 적용 가능한 불완전한 인공지능일 수밖에 없었다.

간단한 기계학습 문제 중 하나. 만약에 데이터가 선형모델을 따른다고 가정한다면, 우리는 주어진 문제를 직선의 매개 변수 a, b를 찾는 문제로 치환할 수 있을 것이다. 이를 통해 우리는 새로운 질문(예를 들면 '키 180cm인 사람의 몸무게는 몇 kg일까?')에 대해 답을 예측할 수 있다.

하지만 기계학습은 인간의 사전 지식prior knowledge에 의존하기보다는 데이터 그 자체에서 의미 있는 판단을 뽑아내는 데 중점을 둔다. 예를 들어 위의 그림과 같이 키와 몸무게의 상관관계에 대한 데이터를 얻었다고 하자. 그렇다면 우리는 이 데이터들을 가장 잘 표현하는 추세선fitting curve을 얻은 뒤, 이 추세선을 기반으로 새로운 질문에 대해 답을 할 수 있을 것이다. 예를 들면 "키가 180cm인 사람의 몸무게는 얼마인가?"란 질문에 대해 "80kg"이라고 대답하듯 말이다. 물론 키가 180cm인 사람이 모두 몸무게가 80kg인 것은 아니겠지만, 인공지능은 이 질문에 대해 가장 높은 확률을 가진 답이 80kg이라고 답하며, 이와 함께 다른 몸무게를 가질 가능성이 있는 확률분포를 제공하기도 한다. 이처럼 기계학습은 기존 데이터의 패턴을 기반으로 새로운 질문에 답을 하는 알고리즘인데, 그 성능은 데이터의 양과 질에 크게 의존하기에 무엇보다 예측에 필요한 양질의 데이터를 수집하는 것이 중요하다. 이것이 바로 구글과 같은 기업이 사용자 데이터 수집에 사활을 걸고 있는 이유이기도 하다.

보통 기계학습은 주어진 훈련데이터를 가지고 데이터의 패턴을 파악한 후 이를 바탕으로 새로운 질문에 대해 예측prediction하는 것을 목적으로 하는데, 이는 크게 지도학습supervised learning과 비지도학습unsupervised learning으로 구분할 수 있다. 지도학습은 훈련데이터(초기 패턴을 학습할 수 있도록 이용 가능하게 주어진 데이터)에 조건 X

뿐만 아니라 이에 대한 정답(또는 라벨) Y까지 주어져 있는 경우의 기계학습을 말한다. 예를 들어 우리에게 주어진 사진 자료들이 "얘는 영희, 얘는 철수, 얘는 강아지……"와 같이 사진마다 일일이 라벨링이 되어 있다면 이를 학습하고 다른 사진들에서 영희, 철수, 강아지들을 찾아내는 문제는 지도학습 문제로 볼 수 있다. 반면 여러 동물 사진을 섞어 놓고 이 사진에서 비슷한 동물끼리 자동으로 묶어보라고 이야기한다면 이는 비지도학습 문제라고 볼 수 있다. 인간은 이러한 지도학습과 비지도학습의 과정을 모두 이용한다고 알려져 있으며, 아직까지의 인공지능은 지도학습 연구가 더욱 활발하다. 하지만 인간이 세상을 라벨링 없이도 이해할 수 있듯이(예를 들어 굳이 '강아지'라고 배운 적 없어도 비슷한 종류를 모두 강아지라고 구분할 수 있듯), 미래의 인공지능 역시 라벨링 없이 세상을 이해할 수 있는 비지도학습이 더욱 강조될 전망이다.

기계학습은 어떠한 종류의 특징값feature들을 입력값으로 이용하는지가 기계학습의 성능에 매우 큰 영향을 준다. 예를 들어 기계학습을 이용해 우리가 사진 속 얼굴들이 누군지 인식해야 한다면 우리는 이미지의 개별 픽셀들을 기계학습의 입력값으로 사용할 수도 있겠지만,

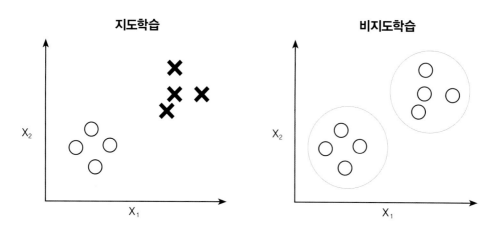

지도학습과 비지도학습의 예제. 지도학습의 경우는 훈련데이터 각각에 대해 라벨이 주어져 있는 반면에 비지도학습은 그런 것 없이 단지 데이터의 분포만을 활용하여 어떠한 부류의 군집(clustering)들이 있는지 분석해낸다.

그 대신 눈, 코, 입 등을 따로 떼어서 입력값으로 이용할 수도 있을 것이다. 또 다른 예로 인간의 보행동작을 기계학습을 이용해 분석하려고 한다면, 관절들의 위치를 기계학습의 입력값으로 사용할 수도 있겠지만, 관절들의 각도 또는 각속도를 입력값으로 선택할 수도 있을 것이다. 이처럼 우리가 선택할 수 있는 특징값의 형태는 무궁무진하다. 더욱 좋은 기계학습 성능을 얻기 위해서는 같은 사물들을 비슷한 특징들로 묶어주고 다른 사물들을 구별되는 특징들로 묶어주는 특징값을 찾는 것이 매우 중요하다. 예를 들어 우리가 개와 물고기 사진을 구분하는 분류 classification 문제를 기계학습으로 풀어야 한다고 생각해보자. 색깔이 이들을 구분하는 데 좋은 특징값이 될까? 아마도 아닐 것이다. 한 가지 가능한 방법으로는 사진에서 먼저 털을 검출해낸 뒤 털이 많은 것을 개, 털이 거의 없는 것을 물고기라고 판단할 수 있을 것이다. 이처럼 우리는 원본 사진 대신 전처리preprocess를 통해 사진 속의 털을 강조한 사진을 기계학습에 입력값으로 이용할 수 있는데, 이것이 바로 좋은 특징값을 이용한 예일 것이다. 이처럼 기계학습의 성능은 기계학습 알고리즘의 우수성과도 관련이 있지만, 이에 못지않게 사용자가 입력하는 특징

질문) 머신러닝 기술에 무엇을 넣어야 할까?

Metric

머신러닝

angular   pos./vel./acc.
Cartesian pos./vel./acc.
distance from goal,
mean/var. of the data,
RMS error, etc.

기계학습은 여러 재료(입력값)를 받아 요리를 하는 요리도구와 같다. 어떤 재료를 요리도구에 넣느냐가 그 맛(성능)을 크게 좌우한다.

값에도 많은 영향을 받는다. 좋은 특징값을 찾기 위해 기계학습 연구자들은 원래의 데이터를 또 다른 공간으로 매핑하여 사용하는 커널kernel 방법을 이용하기도 했다.

그럼에도 불구하고 어떠한 특징값을 사용해야 좋은지는 여전히 기계학습의 어려운 과제 중 하나이다. 이러한 어려움을 극복하기 위해 새로운 방법론이 제시되었는데, 이것이 바로 최근 큰 관심을 끌고 있는 딥러닝이다. 미래 인공지능의 희망이라 불리는 딥러닝, 그것은 과연 무엇일까?

딥러닝이 이끄는 인공지능의 미래

딥러닝Deep Learning 또는 딥뉴럴네트워크Deep Neural Network라고 불리는 기술은 사실 오랜 역사를 가진 인공신경망 Artificial Neural Network이 발전한 형태라고 할 수 있다. 이 방법은 사람의 뇌가 수많은 신경세포들에 의해 움직인다는 점에 착안하여 만들어졌는데, 많은 수의 노드들을 놓고 그들을 연결하여 이들의 연결값들을 훈련시켜 데이터를 학습한다. 즉, 관측된 데이터는 많은 요인들이 서로 다른 가중치로 기여하여 만들어졌다고 생각할 수 있는데, 인공신경망에서는 요인들을 노드로, 가중치들을 연결선으로 표시하여 거대한 네트워크를 만든 것이다. 딥러닝은 간략히 말해 이러한 네트워크들을 층층이 쌓은 매우 깊은 네트워크를 일컫는다.

1920년대부터 꾸준히 연구되어 온 인공신경망은 이내 한계에 부딪혔는데, 그 이유는 거대한 네트워크를 학습시키는 방법이 많이 발달되지 않았기 때문이었다. 또한 거대한 네트워크를 학습시키려면 많은 양의 데이터와 이를 처리할 수 있는 컴퓨팅 파워가 필요했는데, 당시에는 이러한 조건들이 받쳐주지 않아 인공신경망은 불완전한 방법으로 여겨졌었다. 하지만 2000년대 중반부터 깊은 인공신경망인 딥뉴럴네트워크를 학습하는 방법이 개발되어 현재는 이미지인식, 음성인식, 자연어처리 등 다양한 분야에서 표준 알고리즘으로 자리 잡고 있으며, 매우 빠른 속도로 기존의 기계학습 방법들을 대체하고 있다.

그렇다면 딥러닝이 여러 머신러닝 챌린지에서 다른 기계학습 방법들을 압도할 정도로 좋은 성능을 보일 수 있는 비결은 과연 무엇일까? 그것은 바로 특징값 학습representation learning에 있다. 기계학습의 단점 중 하나는 좋은 특징값을 정의하기가 쉽지 않다는 점이었는데, 딥러닝은 여러 단계의 계층적 학습 과정을 거치며 적절한 특징값(입력값)을 스스로 생성해낸다. 이 특징값들은 많은 양의 데이터로부터 생성할 수 있는데, 이를 통해 기존에 인간이 포착하지 못했던 특징값들까지 데이터에 의해 포착할 수 있게 되었다. 딥러닝은 마치 인간이 사물을 인식하는 방법처럼, 모서리, 변, 면 등의 하위 구성 요소부터 시작하여 나중엔 눈, 코, 입과 같이 더 큰 형태로의 계층적 추상화를 가능하게 하였는데, 이는 인간이 사물을 인식하는 방법과 유사하다고 알려져 있다. 구체적으로는 나선형 뉴럴네트워크(Convolutional Neural Network, CNN)와 순환형 뉴럴네트워크(Recurrent Neural Network, RNN)란 방법이 널리 쓰이는데, 최근의 이미지인식이나 음성

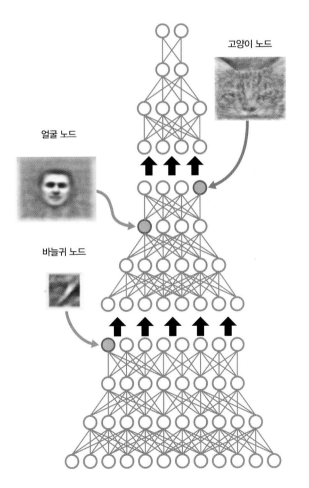

딥뉴럴네트워크의 모습. 구글은 딥러닝과 빅데이터를 이용해 컴퓨터가 스스로 많은 사진들을 학습하여 사람의 얼굴과 고양이의 얼굴을 학습해내는 비지도학습 결과를 발표해 세상을 놀라게 한 바 있다.

인식 등의 비약적 발전은 대부분 이들 방법의 역할이 크다고 할 수 있다.

딥러닝은 하드웨어의 발전과 함께 더욱 날개를 펴고 있다. 딥러닝은 수많은 뉴런과 깊은 신경망을 학습해야 하기에 기존 컴퓨터로는 학습에 몇 주가 소요되기도 한다. 하지만 최근에는 GPU를 이용한 병렬처리 연산의 발달과 함께 딥러닝을 위한 미래 하드웨어 디자인도 고안되고 있어 그 처리 속도가 더욱더 빨라지고 있다. 또한 클라우드 컴퓨팅을 이용하여 많은 양의 연산을 디바이스가 아닌 서버에서 처리하도록 함으로써 딥러닝의 혜택을 모바일로도 가져오고 있다. 바야흐로 딥러닝이 점점 우리의 생활 속에 침투하고 있다고 해도 과언이 아닐 것이다.

딥러닝의 또 다른 장점 중 하나는 다양한 분야에서 공통적으로 활용될 수 있다는 것이다. 예를 들어 이미지 인식과 자연어 처리는 예전에는 전혀 다른 방법들이 적용되었지만 딥러닝은 이 두 가지 문제를 같은 방법으로 해결할 수 있다. 이를 이용하면 더욱 흥미로운 상상들을 할 수 있는데, 그 대표적인 예가 딥러닝을 이용해 이미지를 분석하고 이에 대한 자막을 자동으로 달아주는 것이다. 이 방법이 보편화된다면 미래엔 시각장애인도 컴퓨터로부터 눈앞의 상황에 대한 설명을 들을 수 있는 날이 올 것이다.

딥러닝은 미래 인공지능의 희망으로 떠오르고 있다. 그도 그럴 것이 이미지 인식 등의 분야에선 이미 인간의 오차율을 넘어섰으며, 이제껏 불가능이라 여겨졌던 일들도 척척 해내고 있기 때문이다. 테크기업들의 인공지능 기술 경쟁은 이미 시작되었다. 특히 그 경쟁은 미래 인공지능 기술의 핵심으로 불리는 딥러닝 연구인력들의 영입 전쟁으로 촉발되고 있다. 딥러닝의 거장으로

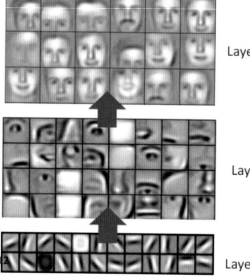

딥러닝은 깊은 학습구조 속에 단계적으로 좋은 특징값들을 자동으로 뽑아낸다. 예를 들어 이미지 인식의 경우 낮은 단계에서는 선들을 추출하는 반면, 더욱 높은 레이어에서는 사람의 얼굴 부분도 추출한다. 이러한 단계적 특징 추출 방식 덕분에 딥러닝이 비약적으로 발전할 수 있었다.
(사진: http://dl.acm.org/citation.cfm?id=1553453)

Layer 3

Layer 2

Layer 1

불리는 토론토대학의 제프리 힌톤 교수, 뉴욕대학의 얀 레쿤 교수, 그리고 스탠퍼드 대학의 앤드류 응Andrew Ng 교수는 구글, 페이스북, 바이두에 각각 영입되었고, 딥러닝 인재들이 모여 만든 기업 딥마인드는 50명 남짓의 뚜렷한 제품도 없는 작은 기업임에도 구글에 무려 5000억가량에 인수되어 세계를 놀라게 하기도 하였다. 최근에는 테슬라 자동차의 창업주 엘론 머스크 등의 지원 하에 1조 원 규모의 비영리 인공지능 연구단체 오픈 에이아이Open AI가 출범하기도 하였다.

미래의 인공지능을 향한 꿈에 세계가 딥러닝 기술을 주목하고 있다. 하지만 한 가지 잊지 말아야 할 것은 딥러닝 역시 오랜 세월 동안 외면받아 왔던 기술이었으며, 그럼에도 꾸준히 그 방법을 연구했던 연구자들이 있었기에 지금의 딥러닝도 있을 수 있었다는 것이다. 최근에는 많은 연구들이 딥러닝 트렌드에 치우치는 경향이 있는데, 이 또한 경계하며 다른 인공지능 방법론에 대해서도 연구를 게을리하지 말아야 할 것이다.

그럼에도 불구하고 미래의 인공지능의 중심에 딥러닝이 있을 것이란 사실엔 모두가 수긍하는 분위기다. 딥러닝이 이끄는 인공지능의 미래, 그 미래는 과연 어떤 모습일까?

A woman is throwing a **frisbee** in a park.

A **dog** is standing on a hardwood floor.

A little **girl** sitting on a bed with a teddy bear.

A group of **people** sitting on a boat in the water.

딥러닝이 생성한 자동 자막. 딥러닝은 사진에서 물체를 인식한 후 그것의 기능적 관계를 파악해 자막을 만들어줄 수 있다.
(사진: http://www.nature.com/nature/journal/v521/n7553/full/nature14539.html)

제2의 지구 발견

이광식

한국 최초의 아마추어 천문잡지 《월간 하늘》을 창간하여 3년
여 동안 발행했다. 2006년부터 강화도 퇴모산으로 들어가
'원두막천문대'라는 개인천문대를 운영하는 한편, 모 인터넷
신문의 우주─천문 파트 통신원으로 기사를 기고하고 있다.
쓴 책으로는『아빠, 별자리 보러 가요』, 『천문학 콘서트』, 『십대,
별과 우주를 사색해야 하는 이유』, 『우리 옛시조 여행』 등이 있다.

issue 6

제2의 지구 발견

제2의 지구 발견 인간이 살 수 있는 다른 행성이 있을까?

기나긴 우주 역사의 거의 모든 시간에 인간은 존재하지 않았고,
광활한 우주의 거의 모든 공간에도 인간은 존재하지 않는다.
—리처드 파인먼(물리학자)

우주는 얼마나 클까?

"이 우주에서 지구에만 생명체가 존재한다면 엄청난 공간의 낭비다"라고 말한 사람은 『코스모스』의 저자 칼 세이건이었다.

138억 년 전 빅뱅에서 출발한 우주는 지금 이 순간에도 빛의 속도로 팽창을 거듭하고 있는 중이다. 그러니까 지금 우주의 크기는 반지름이 138억 광년이 된다는 뜻이다. 그렇다면 지름은 276억 광년이란 얘긴데, 초창기에는 인플레이션[1]으로 인해 빛보다 빠른 속도로 공간이 팽창했기 때문에 지금 우주의 지름은 약 940억 광년에 이른다.

1 인플레이션 이론에 의하면 우주가 처음에는 천천히 커지다가 인플레이션이 일어나 급격하게 팽창한 후 다시 느리게 팽창했다고 한다. 인플레이션이 일어날 때 공간의 팽창속도는 광속불변의 원리에 제한받지 않고 빛의 속도를 능가하는데, 우주의 팽창은 공간 자체가 부풀어나가는 것이기 때문이다.

허블 우주망원경이 깊은 우주를
촬영한 익스트림 딥 필드(XDF,
the eXtreme Deep Field) (사진:
NASA, ESA).

　　이는 우주에서 가장 빠른 초속 30만 킬로미터의 빛이 940억 년을
달려야 가로지를 수 있는 거리다. 초속 17킬로미터의 보이저 1호가 40
년을 꼬박 날아간 끝에 겨우 태양계를 빠져나갔다는 사실을 생각하면,
950억 광년이란 상상을 초월하는 크기다.

　　우리은하만 하더라도 지름이 10만 광년이다. 지금 성간공간을 달
리고 있는 보이저 1호가 우리은하를 온전히 가로지는 데는 얼마나 걸릴
까? 1광년이 약 10조 킬로미터니까 계산기를 두드리면 금방 나온다. 놀
라지 마시라. 무려 20억 년이 걸린다! 이런 은하가 관측 가능한 우주에
만도 2천억 개나 있는 것으로 알려져 있다.

　　그렇다면 우주에 있는 별의 총수는 얼마나 될까? 이 엄청난 수
를 계산한 사람들이 있다. 바로 호주국립대학의 사이먼 드라이버 박사
와 그 동료들로, 2천억 개의 은하를 품고 있는 우주에 있는 별의 총수는
7×10^{22}(700해)개라고 발표했다.

이 숫자는 7 다음에 0이 22개 붙는 수로서, 7조 곱하기 1백억 개에 해당한다. 계산에 의하면 지구상의 모래알 수는 대략 10^{22}(100해)개 정도로 나와 있는데, 우주의 별 총수는 온 지구상의 모래알 수보다 많은 것이다. 각 은하마다 가지고 있는 별, 곧 항성의 수는 평균 3500억 개이며, 우리은하는 평균에 약간 못 미치는 약 3천억 개의 별을 가지고 있다. 지구상의 모든 생명들을 살리고 있는 우리 태양은 그 많은 별들 중 가장 평범한 별의 하나다.

이것이 대략 우주 속에 인류가 처해 있는 형편인 셈인데, 그러니 이처럼 드넓은 우주에서 우리 인간만이 산다고 믿는다는 것 자체가 불합리하고 터무니없는 소리처럼 들리기도 한다.

우주에 다른 생명체들이 살고 있으리라는 생각을 한 사람들은 일찍부터 있었다. 망원경으로 직접 천체관측을 하기도 했던 18세기 독일 철학자 임마누엘 칸트는 태양계 형성에 관해 '성운설'을 최초로 주창한 천문학자이기도 한데, 외계 생명체에 대해 다음과 같이 자신의 생각을 밝혔다. "나는 모든 행성들에 다 생명체가 살고 있다고 주장할 필요는 없다고 본다. 또한 이것을 굳이 부정하는 것도 불합리하다." 요컨대 외계 생명체가 있을 수도 있다는 말이다. 망원경을 통해서 우주가 점점 넓

태양계 형성에 관한 성운설을 주창한 철학자 임마누엘 칸트. 1755년에 발표된 칸트의 박사학위 논문이 철학이 아니라 천문학 이론으로, 그 제목부터가 『일반 자연사와 천체 이론』이었다.

원시 행성계 원반 상상도. 칸트의 성운설은 천문학 교과서에도 실려 있다.

어져가고 새로운 항성계들이 계속 발견됨에 따라 다른 천체에도 생명체가 존재할 것이라는 믿음이 18세기 중반 이후로 점차 넓게 퍼져갔다.

외계 생명체, 대체 어디 있을까?

인류가 외계 생명체에 대해 구체적으로 관심을 기울이기 시작한 것은 20세기 후반 들어 미국의 아폴로 시리즈 등으로 본격적인 우주 진출에 나선 직후부터였다.

외계문명에 대한 언급으로는 이탈리아의 천재 물리학자인 엔리코 페르미가 제안한 '페르미 역설'이 유명하다. 우주의 나이와 크기에 비추어볼 때 외계인들이 존재할 것이라는 가정 하에 방정식을 만든 결과, 그는 무려 100만 개의 문명이 우주에 존재해야 한다는 계산서를 내놓았다. "그런데 수많은 외계문명이 존재한다면 어째서 인류 앞에 외계인이 나타나지 않았는가?"라는 질문을 던졌는데, 이를 '페르미 역설'이라고 한다. 이 역설은 아직까지 풀리지 않고 있다.(박스 기사 참조)

페르미의 역설과 밀접한 관계가 있는 방정식이 또 하나 1960년대에 나타났는데, 미국 천문학자 프랭크 드레이크가 만든 '드레이크 방정식'이다. 우주의 크기와 별들의 수에 매혹된 드레이크는 우리은하에 존재하는 별 중 행성을 가지고 있는 별의 수를 어림잡고, 거기서 생명체를 가지고 있는 행성의 비율을 추산한 다음, 다시 생명이 고등생명으로 진화할 수 있는 환경을 가진 행성의 수로 환산하는 식을 만들었다. 그 결과, 우리와 교신할 수 있는 외계의 지성체 수를 계산하는 다음과 같은 방정식이 만들어졌다.

$$N = R^* \cdot fp \cdot ne \cdot fl \cdot fi \cdot fc \cdot L^2$$

2 N은 우리은하 속에서 탐지 가능한 고도문명의 수. R*은 지적 생명이 발달하는 데 적합한 환경을 가진 항성이 태어날 비율, fp는 그 항성이 행성계를 가질 비율, ne는 그 행성계가 생명에 적합한 환경의 행성을 가질 비율, fl은 그 행성에서 생명이 발생할 확률, fi는 그 생명이 지성의 단계로까지 진화할 확률, fc는 그 지적 생명체가 다른 천체와 교신할 수 있는 기술문명을 발달시킬 확률, L은 그러한 문명이 탐사 가능한 상태로 존재하는 시간.

이 식에 기초해 드레이크 자신이 예측하는 우리은하 내 문명의 수는 약 1만 개에서 수백만 개에 이른다.

드레이크는 이에 그치지 않고, 전파망원경을 이용해 외계로부터의 신호를 찾기 위해 가까이 있는 두 별의 주변에서 오는 신호를 찾는 시도를 한 것이 공식적인 외계 지적생명체탐사, 곧 세티(SETI)[3]의 출발점이 되었다.

제2의 지구를 찾아서

미국 캘리포니아 주 동북 지역에 있는 앨런 망원경 집합체(Allen Telescope Array, ATA). 이 천문대는 SETI 프로젝트의 하나로, 망원경 42개를 사용해 외계 생명체로부터 발신됐을 가능성이 있는 500만 개의 무선 주파수 신호를 탐지하고 있다 (사진: SETI Institute).

요즘 뉴스를 보면 제2의 지구니 슈퍼 지구니 하는 말을 자주 접하게 된다. 몇 년 전만 해도 이런 말을 듣기는 쉽지 않았다. 그러니까 이들은 새로운 용어인 셈이다. 그것도 인류의 미래와 직결된 엄청 중요한 용어로 자리매김하였다. 알 만한 독자는 눈치 챘겠지만, 제2의 지구란 낱말 속에는 인류의 위기의식이 스며 있다. 지금 이 순간에도 인류의 생존을 위협하는 일들이 지구상에서 어지러이 벌어지고 있지 않은가. 얼마 전 '지구종말 시계' 표시 시간이 '5분 전'에서 '3분 전'으로 앞당겨졌다고 언론매체들이 앞다투어 보도한 것만 봐도 그렇다. 이 시계바늘을 당기고 있는 것들은 핵무기, 지구 온난화 등으로, 인류가 개발해낸 기술 문명이 인류의 멸망을 재촉하고 있음을 뚜렷이 보여주고 있다. 한 미래학자는 만약 지구가 종말을 맞는다면 그 원인은 인간의 어리석음 때문일 거라고 경고하기도 했다.

시시각각으로 지구 행성을 위협하고 있는 이 같은 위기 상황은 과학자들로 하여금 제2의 지구를 찾아 나서게끔 추동하고 있다. 『시간의

---

3 먼 우주에서 오는 전파신호를 추적, 외계의 지적 생명체를 찾기 위한 프로젝트.1960년 드레이크가 세티Search for Extra-Terrestrial Intelligence, SETI 프로그램을 시작한 이래 60여 개의 세티 프로젝트가 진행되었다.

행성운동 3대 법칙을 발견한 요하네스 케플러와 그의 이름을 딴 케플러 우주 망원경. 2009년 3월 취역한 이래 지금까지 1천 개 이상의 외계행성을 발견했다.

역사』를 쓴 영국 물리학자인 스티븐 호킹은 인류가 앞으로 천년 내에 지구를 떠나지 못하면 멸망할 수 있다고 경고하면서 "점점 망가져가는 지구를 떠나지 않고서는 인류에게 새천년은 없으며, 인류의 미래는 우주 탐사에 달렸다"고 강조했다.

　이 같은 위기 속에서 인류가 찾아 나선 '제2의 지구(Earth 2.0)'란 말하자면, 사람이 살 수 있는 지구 같은 외계행성을 뜻한다. 그 필요조건을 정리해보면 다음과 같다.

1. 목성처럼 가스형 행성이 아니고 암석형 행성이어야 한다.
2. 지구처럼 모항성에서 적당한 거리에 있어 물이 액체 상태로
   존재할 수 있어야 한다.
3. 행성의 크기와 질량이 지구와 비슷해, 대기를 잡아두고
   생명체가 살기에 적당한 중력을 유지할 수 있어야 한다.

　조건 2는 이른바 골디락스 존Goldilocks zone이라 불리는 '서식 가능 영역habitable zone'을 말한다. 골디락스 존이란 영국 전래동화 『골디락스와 세 마리 곰』에서 따온 것으로, 숲속에서 길을 잃고 헤매던 주인공 소녀 골디락스가 빈 집에서 너무 뜨겁지도 차갑지도 않은 따뜻한 죽을 맛있게 먹었다는 데서 비롯된 말이다. 태양계의 경우, 골디락스

케플러 망원경이 발견한 다양한
외계행성들. 6개의 별 중 하나 꼴로
지구 크기의 행성을 가지고 있는
것으로 밝혀졌다
(사진: C. Pulliam & D. Aguilar (CfA).

존은 지구-금성 궤도 중간에서 화성 궤도 너머까지 걸쳐 있다.

글리제 876d

'슈퍼 지구'는 지구처럼 암석으로 이루어져 있지만, 지구보다 질량
이 2~10배 크면서 대기와 물이 존재해 생명체 존재 가능성이 큰 행성
을 통칭한다. 슈퍼 지구의 특징은 중력이 강하고 대기가 안정적이며, 화
산 폭발 등 지각운동이 활발하다는 점이다.

지금까지 슈퍼 지구는 글리제 876d 이후 여러 개가 발견되었다.
우리 태양계에는 슈퍼 지구의 모델이 될 사례가 없다. 가장 큰 암석형
행성은 지구이며, 지구보다 한 단계 무거운 행성은 천왕성으로 지구 질
량의 14배이다. 요컨대 인류는 행성계의 골디락스 영역에 있을 제2의
지구 또는 슈퍼 지구를 찾기 위해 우주로 열심히 더듬이를 뻗고 있는 중
이다.

우주에 관해서라면 지구 행성의 대표선수는 단연 미국이다. 현재

제2의 지구를 찾는 작업에서도 미항공우주국(NASA)이 선두를 달리고 있다. NASA는 제2의 지구를 찾는다는 야심 찬 프로젝트로 케플러 미션을 발진시켰는데, 2009년 케플러 우주망원경을 우주로 쏘아올림으로써, 지금까지 공상 속에서만 노닐었던 제2의 지구와 외계 생명체란 추상명사를 과학의 영역으로 끌어들였다.

글리제 876d

외계행성 탐색의 첨병 케플러 망원경

현재 외계행성을 찾기 위해 우주로 발사된 것은 2006년에 발사된 프랑스 우주국(CNES)과 유럽 우주국(ESA)의 코롯 망원경(COnvection ROtation and planetary Transits, COROT)과 NASA의 케플러 망원경 둘뿐이다.

둘 중에서 인류의 우주 진출을 결정지을 제2의 지구를 찾는 데 첨병의 역할을 맡은 것은 NASA의 케플러 우주망원경이다. 이 망원경의 이름에 케플러가 붙은 것은 고난으로 점철된 삶을 살면서도 인류에게 행성 운동의 3대 법칙을 선물한 독일 천문학자 요하네스 케플러(1571~1630)를 기리기 위함이다.

2009년 3월 6일, 델타-2 로켓에 실려 우주로 떠난 이 케플러 망원경은 미항공우주국이 개발한 우주 광도계를 이용하여 3년 반에 걸쳐 10만 개 이상의 항성들을 관측할 계획이었다. 총 6억 달러(약 6800억 원)가 투입된 케플러 탐사선의 근무 연한은 4년이지만, 경우에 따라서는 6년으로 연장할 수 있다는 꼬리표가 붙었다.

공전주기 372.5일로 지구 정지궤도에서 태양 주위를 돌고 있는 무게 1톤의 케플러는 한마디로 고감도 디지털 카메라 겸 노출계다. 특수 제작된 전자소자 결합장치(CCDs)는 행성 탐색에 필요한 광도계 기능을 갖고 있는데, 이것으로 10만 개의 별들과 '눈싸움'을 벌여야 한다. 행성의 그 모성 앞을 지날 때 별빛을 가림으로써 일시 별이 깜박거리게 되는데, 케플러는 바로 이 현상을 포착해서 행성을 찾아내기 때문이다. 이러

Sun

Planet b

HD 7924

Planet c

Planet d

HD 7924 행성계에서 바라본 태양계 상상도. 맨눈으로도 태양이 쉽게 보일 것으로 추정된다. HD 7924 b는 지구로부터 54광년 떨어진 카시오페이아자리 항성 HD 7924 주위를 도는 외계행성으로, 질량은 지구의 9.2배, 공전주기는 129.5시간이다(사진: Karen Teramura & BJ Fulton, UH IfA).

한 방법을 횡단법 또는 트랜싯법이라고 한다.

그런데 외계행성은 모항성에 비해 아주 작기 때문에 사실 별의 밝기 감소는 극히 미미하다. 예컨대 지구와 태양을 생각해 보면, 지구는 태양 지름의 100분의 1밖에 되지 않으므로 면적 대비는 1만 분의 1이 되고, 따라서 태양 빛을 겨우 0.01% 가릴 뿐이다. 이처럼 작은 광도 변화를 잡아내야하기 때문에 케플러는 대기 간섭이 없는 우주로 갈 수밖에 없는 것이다.

어쨌든 이 같은 방법으로 넓은 면적을 동시에 관측할 수 있도록 제작된 케플러 망원경은 최대 10만 개의 별을 동시에 관측하며, 그 밝기를 30분 간격으로 측정한다.

이 같은 케플러의 행성 추적은 다음과 같은 중요한 질문들에 답을 찾아줄 것으로 보인다. 첫째, 외계행성들은 흔한가, 드문가? 둘째, 외계행성들은 크기가 얼마나 되며, 얼마나 먼 거리에 있는가? 셋째, 이것이 가장 중요한 관건인데, 외계행성이 서식가능 지역에서 발견될 확률이 얼마나 될까? 하는 것들이다. 케플러 담당 과학자는 다음과 같이 케플러를 정의했다. "궁극적으로 우리 인류가 우주에 있는 장소는 어디인가라는 유서 깊은 질문에 답하기 위한 첫걸음이 바로 케플러다."

케플러가 거둔 놀라운 성과들

케플러 망원경이 그동안 거둔 성과들을 시간 순으로 일별해 본다면, 먼저 케플러는 이전에 이미 알려졌던 5개 외계행성 HAT-P-7b를 성공적으로 찾아냈고, NASA는 이들 각각에 케플러 4b, 5b, 6b, 7b, 8b의 이름을 붙였다. 이들은 모두 뜨거운 목성형 행성으로, 해왕성과 비슷한 크기에서부터 목성보다 큰 것까지 다양한 크기이며, 온도는 섭씨 1204~1648도, 궤도주기는 3.3~4.9일이다. 따라서 제2 지구 후보에는 끼지 못하는 것으로 밝혀졌다.

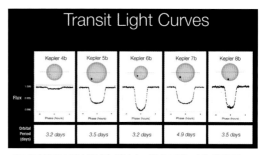

케플러 망원경의 행성 사냥법. 행성이 모항성의 앞을 지날 때 별빛을 가려 일시적으로 어두워지는 현상을 이용해 행성을 탐색한다 (사진: NASA).

케플러 망원경이 일년 동안 발견한 골디락스 행성 목록. 예상 이상으로 많은 외계행성들이 발견되었다 (사진: PHL @ UPR Arecibo, ESA/Hubble, NASA).

이듬해인 2010년 1월에는 케플러로부터 첫 관측 결과가 보내져왔다. 모두 706개의 제2 지구 후보에 대한 데이터로서, 지구만 한 크기에서부터 목성에 이르는 다양한 크기의 외계행성들이다. 이들 중 306개의 대상에 대해서는 궤도와 온도 등 기본 정보들이 모두 분석되었다. 그리고 나머지 400개의 후보에 대한 데이터는 2011년 2월에 공개되었다.

외계행성 사냥에 나선 지 2년 좀 못되는 시점인 2011년 2월 2일까지 케플러 망원경이 찾아낸 외계행성 후보는 모두 1235개에 달했다. 이들이 도는 모항성의 수는 997개를 헤아린다. 이는 우리은하에만도 외계행성이 엄청나게 많다는 사실을 시사하는 것이다. 이들 중 68개의 행성은 대략 지구 크기만 하고, 288개는 슈퍼 지구 사이즈이며, 662개는 해왕성 크기, 165개는 목성 크기, 19개는 목성의 2배 크기로 집계되었다. 목성만 해도 지름이 약 14만 킬로미터로 지구의 11배나 되는데, 목성의

2배라면 참으로 엄청나게 큰 행성인 셈이다.

이 중에서 지구의 2~5배 정도 크기로, 서식 가능 영역에 있는 행성은 모두 54개 정도가 후보에 올라 있다. 생명체가 있을 가능성이 있는 외계행성을 대거 발견한 셈이다.

케플러가 임무를 맡은 지 만 2년 10개월이 되는 2013년 1월, 그동안 탐사한 성과를 결산하는 중간발표가 나왔다. 이에 따르면 무려 461개나 되는 외계행성 후보들이 새롭게 추가되었으며, 모두 2740개의 외계행성 후보들이 2036개의 모항성 둘레를 도는 것으로 집계되었다. 이같은 성과만 하더라도 외계행성 탐사에 한 획을 그은 것으로 평가된다.

그러나 케플러 탐사선이 늘 순항만 한 것은 아니다. 그해 5월에 중요한 망원경 부품이 고장을 일으키는 불운이 찾아왔다. 망원경의 방향을 통제하는 반작용 휠 4개 중 2개의 휠이 고장나면서 선체 제어가 불가능하게 됨으로써 케플러의 행성탐사 임무는 이 시점에서 '공식 종료'되었다고 NASA는 발표했다. 하지만 케플러는 그 후 2개의 반작용 휠과 태양광 압력을 이용해서 자세제어에 성공, 기적적으로 부활했다. NASA는 이에 따라 K2라는 새로운 임무를 케플러에게 주어, 지금까지 외계행

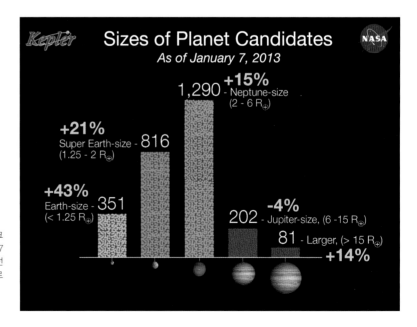

케플러 외계행성 후보들의 크기를 나타낸 도표. 2013년 1월 7일 2036개의 항성 주위를 공전하는 2740개의 행성들을 자료로 한 것이다(사진: NASA).

성 탐색을 계속하고 있다.

사실 이 시점에서도 케플러는 3.5년으로 예정된 1차 미션 목표를 이미 충분히 완수했고, 보내온 데이터도 상당량인 만큼 데이터를 분석하는 데만 몇 년의 시간이 더 필요한 상태다. 게다가 케플러 망원경 자체도 2016년까지 연장 미션을 부여받아 앞으로도 계속해서 관측 데이터를 보내올 터이므로, 이들 데이터가 완전히 분석되면 새로운 내용들이 많이 밝혀질 것으로 기대되고 있다. 외계행성 탐사에 수많은 신기록들을 세워온 케플러 망원경이 2015년 10월 뽑아낸 계산서 내용은 다음과 같다. 30만 6604개의 별을 관측하고 4601개의 외계 행성 후보를 찾아냈다. 그중에서 외계행성으로 확인된 것만도 1000개가 넘는다. 아직 확인을 기다리는 후보는 모두 4천여 개에 달한다.

케플러는 당시까지 총 125억 번의 별 밝기 관측을 수행했으며, 지구로 전송한 데이터는 20.9TB에 달한다. 그리고 최종적으로 가장 중요한 목표였던 서식 가능 외계행성을 8개 찾아내는 데 성공했다. 케플러가 조사한 별의 숫자가 우리 은하의 3000억 개가 넘는 별의 극히 일부인 30만 개에 불과한 점을 생각하면 놀라운 숫자가 아닐 수 없다.

가장 강력한 제2 지구 후보들

제2의 지구를 발견하는 것은 천문학자들의 오랜 꿈이었다. 이제 이러한 꿈이 현실로 이루어질 날도 멀지않은 것 같다. 아직 제2의 지구라는 인증 샷을 찍을 만한 후보가 확인되지는 않았지만, 지금까지 케플러 망원경을 비롯해 여러 기관에서 발견한 외계행성 중 지구와 가장 비슷한 환경을 가진 강력한 제2 지구 후보들을 정리해 보면 다음과 같다.

케플러-10c : 2014년 6월 지구에서 570광년 떨어진 용자리에서 발견. 이 행성에 '고질라'라는 특이한 이름이 붙은 것은 지구와 같은 암석형 행성임에도 지구보다 17배나 무겁기 때문이다. 반지름은 지구의

케플러-10c

2.3배로, 발견 당시 기준으로 가장 거대한 암석형 행성으로 기록되었다. 관측된 이 행성은 태양과 비슷한 항성에서 0.24천문단위 떨어져 돌고 있으며, 공전주기는 45일이다.

케플러-22b : 2009년 3월 케플러 우주망원경이 활동을 시작한 지 3일 만에 발견했다. 케플러-22b는 태양보다 조금 작고 온도가 낮은 케플러-22 항성 주위를 공전하는 두 번째 행성으로, 백조자리 방향으로 600광년 거리에 있다. 크기가 지구의 2.4배 정도이지만, 놀라울 정도로 지구와 공통점이 많다. 지구와 태양간 거리(1억 5천만 킬로미터)보다 15% 정도 가까운 중심 별 주위의 골디락스 영역 궤도를 돌며, 공전주기 290일, 표면 온도 22도로 생명체가 존재하기에 이상적이라는 평가를 받았다.

케플러-22b

케플러-62f : 2013년 1200광년 떨어진 거문고자리에서 발견된 이 행성은 큰 바다를 품고 있을지도 모른다는 유쾌한 '혐의'를 받고 있다. 제2의 지구로 불리는 암석형 행성으로 지구보다 약 40% 정도 더 큰데, 만약 대기 중에 이산화탄소가 있다면 큰 바다가 있을 가능성이 높다. 이산화탄소는 온실효과가 높은 기체로 행성의 온도를 따뜻하게 유지해 바다가 형성될 수 있기 때문이다. 케플러-62 항성 주위를 공전하는 5개의 행성들 중 케플러-62e와 케플러-62f가 표면에 액체로 된 물이 존재할 수 있는 서식 가능 영역의 궤도를 돌고 있다. 5개의 행성 중 가장 바깥 궤도를 돌고 있는 케플

케플러-62f

러-62f는 지구 기준으로 267일마다 1회 공전한다.

케플러-69c : 2700광년 떨어진 백조자리에서 발견된 슈퍼 지구. 지구보다 70% 정도 더 크다. 공전주기는 242일이며, 태양에서 금성 거리쯤 되는 궤도로 모항성을 돌고 있다. 모항성의 크기가 태양보다 조금 작은 만큼 케플러 69c는 서식 가능 영역에 있는 셈이다. 이 행성에 액체 상태의 물이 있을지는 모르지만, 반드시 생명체가 살 수 있다는 보장은 없다. 우리 지구 크기만 해야 생명 친화적인 환경이 만들어지기 때문이다.

케플러-69c

케플러-186f : 2014년 4월 지구에서 약 490광년 떨어진 백조자리에서 발견한 슈퍼 지구. 지구 유사도(ESI: Earth Similarity Index) 값이 0.64에 불과하지만, 지름이 약 1만 4000㎞로 지구보다 10% 정도 더 큰 이 행성은 덥지도 춥지도 않아 사람이 거주하기에 적당한 것으로 추정된다. 지구 유사도는 1에 가까울수록 지구와 비슷하게 나타나는데, 화성은 0.70에 해당한다. NASA는 이 행성의 표면이 물과 암석으로 구성됐을 것으로 보고 있다.

케플러-186f

케플러-438b : NASA가 2015년 1월 지구와 가장 비슷한 행성의 하나로 꼽은 것이다. 거문고자리 방향으로 약 470광년 거리에 있는 이 행성은 반지름과 밀도, 탈출속도, 표면 온도 등을 나타내는 '지구 유사도'가 0.88로 가장 높게 나타났다. 그러나 후속 연구 결과, 이 지구형 외계행성의 대기가 모성인 적색왜성 케플러-438로부터 나온 강력한 '슈퍼 플레어'의 영향으로 파괴되고 있어 생명체가 살 수 없을 가능성이 크다는 사실이 밝혀졌다. 케플러-438로부터 나온 슈퍼 플레어는 우리 태양에서 관측됐던 가장 강력한 플레어보다 10배 이상 강하다.

케플러-438b

케플러-452b

케플러-452b : 2015년 7월 지구에서 1400광년 떨어진 곳에서 발견. 지금까지 발견된 외계행성 중 크기와 궤도 등 특성이 지구와 가장 비슷해 제2 지구의 유력한 후보로 꼽힌다. 백조자리에 있는 모항성 케플러-452는 태양과 비슷한 별로, 표면 온도는 태양과 같지만 나이가 60억 년으로 태양보다 더 늙었다. 케플러-452b는 지구보다 지름이 60% 정도 더 크며, 지구보다 5% 더 먼 거리에서 385일을 주기로 골디락스 존에서 공전하고 있다. 표면 온도도 지구와 비슷할 것으로 추정된다. 이 행성의 나이 역시 60억 년 정도이므로, 만약 생명체가 있다면 지구보다 더 오랜 역사를 가지고 있을 수도 있다.

글리제 832c : 호주 뉴사우스웨일스 대학을 주축으로 구성된 다국적 천문조사팀이 2014년 6월 지구에서 16광년 떨어진 인디언자리에서 발견했다. 이때까지 발견된 슈퍼 지구 중 지구와 가장 유사한 세 행성 중 하나인 글리제는 지구 질량의 5배로, 대기와 물이 존재할 것으로 보이며, 기온과 계절 변화까지 지구와 무척 닮아 어쩌면 생명체가 살아갈 수 있는 환경일 것으로 보인다. 글리제 항성계는 적색왜성 글리제 832를 중심으로 행성 글리제 832b, 글리제 832c 등으로 구성되어 있다.

캅테인 b : 미국 카네기 연구소가 2014년 6월 지구로부터 13광년 떨어진 곳에서 발견. 태양계로부터 25번째로 가까운 외계행성으로 캅테인 항성계의 구성 행성 중 하나다. 캅테인 b의 나이는 약 115억 년에 달해 지구의 2배를 훌쩍 넘는다. 역사가 오래된 만큼 만일 생명체가 존재한다면 이들은 고도로 발달된 지능을 가지고 있을 것이다. 지구 크기의 5배에 달하는 캅테인 B는 액체 상태의 물이 풍부하고 기후가 온난해 생명체가 살기에 알맞은 환경으로 추정된다.

한국도 외계행성 사냥에 나섰다!

글리제 832c

제2의 지구를 찾는 현장에 한국도 늦게나마 뛰어들었다. 2015년 10월 1일부터 한국천문연구원이 '외계행성탐색 시스템(KMTNet)'을 본격적으로 가동하기 시작했다. 칠레, 남아공, 호주 등 남반구 3대륙에 설치된 3개 관측소에 광시야 망원경을 설치하고, 24시간 밤하늘을 감시하며 외계 지구형 행성 사냥에 나선 것이다.

이 광시야 망원경은 지름 1.6미터의 반사경과 4장의 보정렌즈로 이뤄졌으며, 광시야 탐색 관측 장비 중 세계 최대급으로, 매년 100개 이상의 새로운 행성을 발견할 수 있을 것으로 기대된다. 지금까지 중력렌즈 방법으로 발견된 외계행성은 39개이며, 이중 32개를 한국과학자들이 포함된 연구 그룹에서 발견했다.

캅테인 b

오는 2021년에는 우리나라와 미국, 브라질과 호주 등이 제작에 참여하는 '거대 마젤란 우주망원경'도 이 행성 사냥에 동원된다. 지름 8.4미터짜리 거울 7장으로 구성된 이 망원경은 직경이 25미터에 달해 광학 망원경으로는 세계 최대 크기로, 허블 우주망원경보다 10배 선명한 영상을 제공한다.

케플러의 후계자 TESS 망원경

2009년 지구를 떠난 이래 케플러 우주 망원경이 거둔 성과는 우주를 바라보는 인류의 인식을 크게 바꾸어 놓았다는 것이다. 그동안 우리의 상상 속에서만 존재했던 제2의 지구, 외계행성이 우주 곳곳에 무수히 존재한다는 사실을 직접 확인해 주었다. 우리은하의 극히 일부만을 뒤진 끝에 이 같은 계산서를 뽑아낸 것을 보면, 이제는 '이 드넓은 우주에 외계인이 존재한다는 것도 놀라운 일이지만 존재하지 않는다는 건 더 놀라운 일'이라는 격언이 더욱 유효해지게 된 셈이다.

이처럼 놀라운 성과를 거둔 케플러도 이제 늙어서 은퇴를 눈앞에 두고 있다. 3년 반을 기약하고 우주로 나갔는데, 현재 그 2배나 되는 기간 동안 인류를 위해 충실히 제 임무를 수행하고 있는 것이다. 하지만 케플러가 지금까지 뒤진 우주 공간이란 구우일모(九牛一毛)에 지나지 않는다. 우리은하에 한정해서만도 그렇다는 말이다.

제2의 지구를 찾는 일을 여기서 멈출 수 없다고 생각한 NASA는 이미 케플러의 후임을 정해놓았다. 차세대 행성 사냥꾼의 이름은 우연찮게도 토머스 하디의 소설 여주인공 이름과 같은 테스(Transiting Exoplanet Survey Satellite, TESS)이다. 2017년에 우주로 나갈 이 사냥꾼의 사냥 방법 역시 케플러처럼 별의 밝기 변화를 관측하는 방식이지만, 관측 기기들의 성능이 보다 우수해 더 넓은 범위에서 더 많은 별들을 관측할 수 있다. 케플러보다 2배쯤 많은 50만 개 이상의 별을 관측할 예정이다.

테스에게는 강력한 원군이 하나 따라붙는다. 이듬해인 2018년에 발사 예정인 사상 최대의 제임스웹 우주망원경(JWST)이다. 테스가 먼저 새로운 외계행성을 발견하면 뒤이어 제임스웹이 이를 정밀 관측한다. 하나가 사냥감을 몰면 하나는 창을 던지는 식이다. 이 둘의 합작은 외계행성 연구에 큰 전기를 마련할 것으로 과학자들은 기대하고 있다.

이 둘이 과연 얼마나 많은 외계행성들을 발견하게 될까? 그리고 그중에는 생명체가 살고 있는 행성이 있을까? 고등문명을 가진 외계인이 과연 어딘가에 살고 있을까? 또 우리 인류가 이주해서 살 수 있는 행성이 있을까? 이러한 물음들이 현재 천문학이 가지고 있는 최대 화두일 것이다. 우리는 머지않아 그 답을 알 수 있게 될 것이다.

하지만, 정작 제2의 지구를 발견했다 하더라도 거기까지 갈 수 있느냐 하는 것은 또 다른 문제다. 현재 인류가 얻을 수 있는 최고속력은 초속 17킬로미터이다. 보이저 1호가 여러 차례 중력보조[4]를 받은 끝에 얻은 이 속도는 무려 총알의 20배에 가깝지만, 이 속도로도 가장 가까운 별인 4.2광년 거리의 센타우루스자리 프록시마에 가는 데만도 8만 년이 걸린다.

이처럼 인류는 이 우주공간에서 '거리'라는 장벽으로 완벽히 격리되어 있어 과연 이를 벗어날 수가 있을까에 많은 과학자들은 회의하고 있다. 지금부터라도 지구가 더이상 파괴되지 않도록 잘 보존하는 것이 인류에게 보다 현실적인 방안이라는 견해가 여전히 큰 힘을 얻고 있는 것은 바로 그 때문이다. 하지만 무엇보다 분명한 것은 인류에게 이 지구보다 아름다운 행성은 어느 우주에도 존재하지 않을 거라는 사실이다.

"대체 외계인들은 어디 있는 거야?"-'페르미의 역설'

'페르미 역설'이란 이탈리아의 천재 물리학자로 노벨상을 받은 엔리코 페르미가 외계문명에 대해 처음 언급한 것이다.

페르미는 1950년 4명의 물리학자들과 식사를 하던 중 우연히 외계인에 대한 얘기를 하게 되었고, 그들은 우주의 나이와 크기에 비추어볼 때 외계인이 존재할 것이라는 데 의견 일치를 보았다. 그러자 페르미는 그 자리에서 방정식을 계산해 무려 100만 개의 문명이 우주에 존재해야 한다는 계산서를 내놓았다. 그런데 수많은 외계문명이 존재한다면 어째서 인류 앞에 외계인이 나타나지 않는가라면서 "대체 그들은 어디 있는 거야?"라는 질문을 던졌는데, 이를 '페르미 역설'이라 한다.

관측 가능한 우주에만도 수천억 개의 은하들이 존재한다. 또 은하마다 수천억 개의 별들이 있으니, 생명이 서식할 수 있는 행성의 수는 그야말로 수십, 수백조 개가 있을 거란 계산이 금방 나온다. 그런데도 우리는 왜 아직까지 외계인들을 한 번도 본 적이 없을까?

우주에는 우리 외에도 다른 문명이 있을 거라는 데 많은 과학자들은 동의한다. 그런데도 우리는 왜 외계인들을 한 번도 본 적이 없는가? 그 이유는 항성간 거리가 너무나 멀어 어떤 문명도 그만한 거리를 여행할 수 있는 기술을 확보하지 못했기 때문이라고 과학자들은 생각하고 있다.

장애의 또 하나는 통신수단의 문제다. 비록 외계문명이 존재한다 하더라도 그들과 교신하기에는 우리의 통신수단이 너무나 원시적이라 외계인들이 신호를 보내온다 하더라도 우리 기술로는 그것을 포착하지 못할 수도 있다는 것이다.

또 다른 장애로는 시간의 문제가 있다. 우리 인류가 문명을 일구어온 지는 1만 년도 채 안 된다. 우주에 긴 역사에 비하면 거의 찰나다. 다른 문명도 만약 그렇다면, 이 오랜 우주의 시간 속에서 두 찰나가 동시에 존재할 확률은 거의 0에 가깝다는 말이 된다. 이러한 것들이 바로 외계인을 만날 수 없는 가장 근본적인 장애들이다.

---

4 탐사선의 속도를 높이기 위해 천체 중력을 이용한 슬링 숏 기법(새총쏘기)을 말하는 것으로, 행성의 중력을 이용해 우주선의 가속을 얻는 기법이다. 스윙바이(swingby) 또는 플라이바이라고도 하는데, 말하자면 우주의 당구공 치기쯤 되는 기술이다.

issue 07

3D 프린팅

문명운

한국과학기술연구원 책임연구원으로 계산과학연구센터장을
맡고 있으며, 나노스폰지, 다공성 소재, 표면재질과 생체재료
등을 연구하고 있다.

3D 프린터, 어디까지 만들 수 있나?

3D 프린팅 기술의 소개

    3D 프린팅 기술은 1980년대 초반에 개발된 기술로, 30여 년 동안 전통적인 생산가공 기술의 보조 기술로써 시제품 개발에 주로 사용되었다. 하지만 3D 프린팅 기술은 최근 국내외적으로 자동차, 항공우주, 의식주, 바이오, IT 등 많은 분야에서 혁신적인 결과를 가져올 수 있을 것으로 기대되고 있어서 혁신적 미래 첨단기술로 여겨지고 있다. 하지만 언론이나 홍보 문구를 통해서 알려진 것과는 달리 3D 프린팅 기술이 현재의 우리 생활에 큰 변화를 가져올 수 있는 기술인지에 대한 의문이 먼저 드는 것이 사실이다. 3D 프린팅 기술의 핵심인 소재, 소프트웨어, 프린터, 공정기술, 확실한 응용 분야 등에서 괄목할 만한 연구 개발이 많이 이루어져야 하기 때문이다. 현재 수준의 '3D 프린팅' 기술은 단

순히 제품의 최종생산 전 단계에 시제품 제작을 통한 형상 보완 기능을 가진 기술 수준을 넘어서지 못하고 있다. 그러나 최근 국내외의 정책과 개인의 다양성을 중시하는 시대 흐름과 함께 3D 프린팅 기술에 대한 급격한 변화가 시작되고 있다.

　전 세계적으로 많은 나라에서 3D 프린팅 기술을 미래 산업으로 규정하고 기술 발전에 투자하고 있다. 미국에서는 특허나 노하우 같은 압도적인 지식재산권을 보유하고 있어서, 정부 차원의 적극적인 연구지원이 가장 먼저 시작되고 있다. 또한 유럽, 일본, 중국 등 이른바 기술 선진국들도 적극적으로 3D 프린팅 기술 개발에 뛰어드는 시점에 이르렀다. 우리나라도 2014년 초부터 3D 프린팅 기술을 빅데이터, 사물인터넷과 함께 창조경제를 실현할 미래 성장 동력으로 분류하고 있으며, 이에 따라서 집중적인 관심과 지원이 늘고 있는 것이 사실이다. 특히 3D 프린팅 기술을 이루고 있는 소재, 장비, 공정 및 활용 분야에서 진행 중인 개발 방향에 대해서 많은 관심이 집중되고 있다. 여기에서는 3D 프린팅 기술에 대한 전반적인 소개와 3D 프린팅 소재의 현황과 한계점, 이러한 한계를 극복하기 위한 기술 개발 동향 및 향후 3D 프린팅을 이끌 바이오 프린팅, 소셜 메뉴팩처링, 4D 프린팅 등에 대해서 다뤄보도록 하겠다.

　앞서 언급했듯이 3D 프린팅 기술은 이제 막 개발된 새로운 기술이 아니다. 1984년에 개발된 이후 2000년대 초반까지 제품 모형이나 시제품을 제작하는 범위에서 계속 사용되어 왔다. 최근 들어 미국을 비롯한 국가들에서 제조업의 글로벌 메카트렌드를 이끌 생산기술로 3D 프린팅 기술을 제안하면서 맞춤형 기반의 다품종 소량(혹은 대량) 생산이라는 3D 프린팅의 특징이 크게 주목받게 되었다. 단순한 제조 공정을 뛰어넘어 스포츠, 문화, 생명, 나노과학 등과의 융합이 이루어져 보석류, 완구류, 패션 및 엔터테인먼트 산업과 기술적 난이도가 높은 자동차, 항공/우주, 방위산업, 의료기 등 다양한 산업 분야에서 제품 개발에 활용되고 있다. 또한 세계적으로 3D 프린터 시장을 양분하고 있는 업체인 스트라타시스Stratasys 사의 압출적층방식 혹은 용착조형방식(FDM) 원천기술 특허가 2009년 만료되었고 3D시스템스 사의 금속 소결 방식의 원천 특허도 2014년 2월에 만료되면서 오픈소스화되었다. 여기에 영국의 렙랩RepRap과 같은 오픈소스 프로젝트가 시작되어 3D 프린터 제작을 위한 중요한 기술 자료들이 인터넷에 공유되면서 이 분야가 폭발적으로 활성화되고 있다. 특히 쉐이프웨이즈Shapeways나 싱기버스 Thingiverse의 3D 데이터 거래 등 인터넷에 기반을 둔 마켓플레이스의 대두로 3D 프린팅 관련 시장의 급속한 확대가 이루어지고 있다. 최근에는 다국적 기업인 마이크로소프트, 애플이나 포드 자동차 등에서도 3D 프린팅 기술을 가진 회사와 합작을 통한 기술 개발에 나서고 있다. 특히 2015년 들어서 기존 기술 대비 100배 빠른 프린팅 방식이 발표되고, 소재 및 공정기술에서도 획기적인 방법들이 제시되고 있다. 소재 분야에서는 전통적인 3D 프린팅 소재의 한계를 극복하기 위한 기술 개발과 여

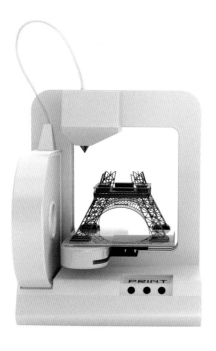

3D 프린터를 이용한
모형의 제작 과정

기에 추가적으로 기능성을 부여하기 위한 기술 개발이 진행 중이다. 그 래핀이나 탄소나노튜브, 기능성 나노입자 등의 나노물질이나 생분해성 소재 등의 친환경 소재나 세포와 같은 바이오 소재 등을 혼합하여 원하 는 기능성을 갖는 신소재가 개발되고 있다.

3D 프린팅 기술은 한 층 한 층 재료를 쌓아 올려 3차원 입체를 구 현해내는 적층가공 기술로서 스캐닝이나 모델링을 통한 3차원 이미지 데이터 정보를 기반으로 매우 복잡한 형상을 빠르고 용이하게 구현할 수 있다. 3D 프린팅 과정은 크게 모델링Modeling-프린팅Printing-마 무리Finishing 단계로 구분된다. 모델링 과정에서는 CAD와 같은 컴퓨 터 그래픽 설계 소프트웨어를 통해 3차원으로 형상을 디자인하고 3D 프린터에서 사용되는 STL 파일 포맷으로 변환되어 저장된다. 다음의 프 린팅 과정에서는 STL 파일을 각각의 3D 프린터에 포함된 전용 프로그 램에서 불러들이고 프린터 해상도에 따라 가로 방향으로 층layer을 분

3D 프린터의 재료 및 조형 방식에 따른 분류

종류	재료	조형방식	
용착조형 공정법 (Fused deposition modeling, FDM)	PC, ABS, PPFS, HDPF	와이어 또는 필라멘트 형태의 열가소성 소재를 열을 통해 녹인 후 노즐을 통해 압출되는 재료를 적층하여 형성	미국, 스트라타시스
입체 석판인쇄 (Stereolithography apparatus, SLA)	광경화성 수지	레이저나 강한 자외선을 이용하여 재료를 순간적으로 경화시켜 형상을 제작, DLP를 이용하여 속도를 높이기도 함	미국, 3D시스템스
선택적 레이저 소결 (Selective laser sintering, SLS)	열가소성 수지 금속분말 세라믹 분말	분말 형태의 재료를 가열한 후 결합하여 조형. 재료 형태에 따라 접착제를 사용하거나 레이저를 사용	독일, EOS SLS시스템
다중노즐분사법 (Material Jetting modeling, MJM)	왁스 성질을 가진 패럿 (작고 둥근 알갱이)	재료를 헤드에서 녹여서 노즐을 통해 분사하는 방법으로 두 가지 이상의 물질을 동시에 프린팅	이스라엘, 오브제Objet
적층제조방식 (laminated object manufacturing, LOM)	다양한 필름 형태의 소재	플라스틱 시트를 연속적으로 접착하면서 레이저나 칼로 잘라주어 적층하는 방식	미국, 헬리시스Helisys

할한다. 3D 프린터는 이 정보를 입력받아 단일층을 차례로 적층하여 입체적인 형상을 완성시킨다. 마지막으로 마무리 과정에서는 사용된 재료와 프린터 형태에 따라 경화 및 부산물 제거 등의 후처리 작업을 거치게 되어 최종적으로 원하는 3D 출력물이 제작된다. 3D 프린팅을 통한 제조 방식은 기존 공정에 비해 조립 비용을 크게 낮출 수 있으며, 제작에 소요되는 에너지가 약 50% 이상, 소재는 약 90% 이상 절감할 수 있다고 알려져 있다.

3D 프린팅은 적층 방식이나 재료에 따라 다양한 종류가 있는데 크게 고체 재료를 녹이거나 부드럽게 하여 적층하는 방식인 선택적 용융, 선택적 레이저 소결, 용착조형 공정법 등이 있다. 또한 액체 재료를 선택적으로 굳혀 적층하는 입체 석판인쇄, 적층제조방식 등의 방식이 있다. 각각의 방식도 세세한 공정의 차이로 다양하게 구분이 된다. 앞의 표에서 볼 수 있듯이 3D 프린팅 방식으로 다양한 재료와 다양한 방식의 기법들이 사용되고 있으며 재료 또한 종이, 금속분말, 플라스틱, 모래 등이 사용된다. 보통 한 번에 적층되는 층의 두께와 선폭은 약 16~100 마이크로미터 정도이다. 또한 한 가지 소재가 액체나 고체 혹은 형상 등을 달리하여 여러 프린팅 방법에 사용될 수 있다. 프린팅을 통한 형상의 제작 시간은 제품의 크기와 복잡한 정도에 따라 수 시간에서 수일까지 소요된다. 프린팅 속도 면에서 최근 획기적으로 발전된 기술이 발표되었는데, SLA 방식과 유사한 UV 경화용 레진을 이용하는 DLP 방식을 개선하여 기존 대비 최대 100배 이상의 빠른 조형 속도가 가능하다.

3D 프린팅 기술의 응용 분야

자동차 분야/우주항공 분야

자동차의 대시보드, 바디패널 및 부품의 시제품에 3D 프린터를 사용하고 있는 추세이다. 고급 스포츠카 람보르기니는 아벤타도르 Aventador 시제품 제작에 3D 프린터를 사용해 4개월 동안 4만 달러가 소요되는 기존 작업을 20일 동안 3천 달러 수준으로 제조 단가를 줄일 수 있었다. 비슷한 사례로 GM은 2014년 중형 세단 말리브 제작 시 3D 프린터를 사용하여 2년 정도 제작 시간을 단축시켰다. 기존의 점토 조각으로 만들던 방식에서 SLS와 SLA를 혼합한 공정을 통해 비용과 시간을 줄이는 효과를 얻었다. 최근 3D 프린터를 이용해서 자동차 콘셉트 카를 만드는 업체들이 생겨나고 있다. 자동차 문틀의 소재를 알루미늄에서 3D 프린팅으로 만든 탄소봉으로 바꾸어서 무게를 90%까지 낮춘 사례가 보고되었으며, 소형 자동차 차체를 3일 안에 프린트할 수 있는 기술도 선보이고 있다. 특히 항공기의 엔진과 같은 고부가가치 부품을 제작하고, 나사 등에서 추진하는 달기지 건설을 위한 특수 환경 3D 프린팅 기술이 개발되고 있다.

교육 분야

3D 프린팅을 이용한 수업은 학생들의 수업 이해력과 창의력을 향상시킬 수 있으며 더 나아가 학생들이 직접 프린터 제작 및 디자인을 설계, 형상 제작에 이르기까지 여러 각도에서 참여할 수 있어 교육 분야에서의 활용 분야는 무궁무진하다. 최근 창업보육센터나 대학교에서 특별 강좌를 개설하여 3D 프린터 교육을 하는 곳이 늘어나고 있으며 3D 프린터 강사 자격증 시험 등이 생겨나고 있다. 일부 초등학교나 중학교에서는 방과 후 수업과 같은 프로그램을 통해서 3D 프린팅 기술을 가르치고 있다. 소프트웨어를 다루는 방법이라든지 자기가 그린 도면을 직접 프린팅할 수 있는 기술들이 주 내용이다. 한국과학기술연구원(KIST)에서는 시각장애 학생들을 위한 교재인 3차원 입체 교구를 개발하고 있다. 시각장애 학생들이 배우고 있는 점자 중심의 점자책에는 생략되어 있는 그림들을 3D 프린팅 기술을 이용하여 3차원 형상의 촉각 교재로 제작하고 있다. 서울맹학교와 함께 개발하고 있는 3차원 입체 교구는 고인돌, 석굴암, 첨성대 등의 유물이나 꽃의 성장 과정이나 빛의 굴절 등에 이르기까지 다양하게 제작하고 있다. 사회 교과 과정에서 배우는

역사 시대 유물과 유적, 지도나 물리, 생물 과목 등에 사용되는 입체 교구는 초등학교 시각장애 학생들의 인지력을 고려하여 적합한 크기와 형상의 정밀도를 맞춤형 방식으로 제작하여 이를 실제 수업 시간에 사용하고 있다.

에너지 · 나노 분야

미국의 하버드대학교와 어바나샴페인 대학교의 연구진은 3D 프린터로 세계에서 가장 작은 리튬이온 배터리를 프린트해 만든 후 의료용 로봇을 가동하는 데 성공했다. 그림에서 보이듯이 초미세 3D 프린터로 사용된 노즐의 크기는 30마이크로미터에 불과했다. 연구진은 16겹의 리튬 금속산화물 층을 쌓음으로써 서로 엇갈린 방식의 다섯 갈래로 된 전극을 만들었고 충방전 기능, 수명, 에너지 밀도 등을 통해 본 이 전지의 전기화학적 성능은 상업용 배터리에 견줄 만하다고 보고했다. 3D 프린팅 소재가 갖는 한계인 전도성이나 신축성을 극복하기 위하여 그래핀 에어로젤 기반의 나노소재를 대량 합성하여 3D 프린팅이 가능한 소재를 개발하였으며 그래핀 소재를 이용하여 다공성 대변형 구조체를 프린팅하는 데 성공한 보고도 있다.

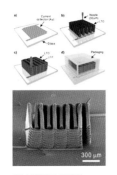

3D 프린터로 인쇄한
초소형 배터리

생명을 살리는 바이오 3D 프린팅

의료용 3D 프린팅 기술

3차원 스캔 이미지를 기반으로 맞춤형 제작 기술이 가장 필요로 하는 분야는 의학이나 헬스케어 분야이다. 모든 사람의 몸체가 각기 다른 특징 및 형상을 갖기 때문에 맞춤형 기술인 3D 프린팅 기술은 최적의 기술이다. 의료용 3D 프린팅 기술은 보청기, 임플란트, 인공 뼈, 의학 보조기 등의 분야에서 활발하게 연구가 진행 중이다. 미국 델라웨어 병원은 희귀성 근골격계 질환인 관절 만곡증을 갖고 출생한 환자를 위해 3D 프린터를 이용해 의료용 로봇 팔을 제작하였다. 어깨와 팔 등의 신체 크기에 맞게 제작된 로봇 팔은 팔의 움직임을 도와줌과 동시에 성장 속도에 따라 제작 및 교체가 가능해졌다. 의학 보조기로써 의수와 의족에 대한 연구 및 실용화 기술 개발이 한창이다. 3D 프린팅 기술이 가지는 맞춤형 특징을 활용함으로써 환자의 체형에 거의 유사한 회형과 재질도 금속이나 가죽, 플라스틱 등 다양하게 사용할 수 있고 디자인을 다양하게 표현하여 개인의 취향을 살릴 수 있는 장점을 가진다.

3D 바이오프린팅 모형 제작 응용 사례

바이오 메디컬 분야에서 최근 많은 사례가 나오는 것 중 장기 모형 제작이 있다. 수술 전에 복잡한 내부 구조와 실제 물성에 가까운 소재로 장기를 프린트하여 수술 시뮬레이션을 진행하거나 환자에게 미리 설명하여 환자와 의사 간 이해도를 높여 복잡하고 위험한 수술에 대한 환자의 신뢰도가 높아지는 장점을 가진다. 또한 모형물들은 의대생과 전공의를 대상으로 하는 수술시 실제 시체를 가지고 하는 해부실습 교육에 활용될 수 있을 것이다.

초기의 연구로 2002년 미국 캘리포니아주립대 의대에서는 샴쌍둥이의 붙어 있는 신체부분을 MRI로 촬영한 후 모형을 제작하여 두 아이의 내장과 뼈가 다치지 않도록 분리하는 예행연습을 실시하여 위험한 수술을 빠르고 안전하게 성공적으로 마친 사례가 있다. 일반적으로 100시간 가까이 걸리는 수술 시간을

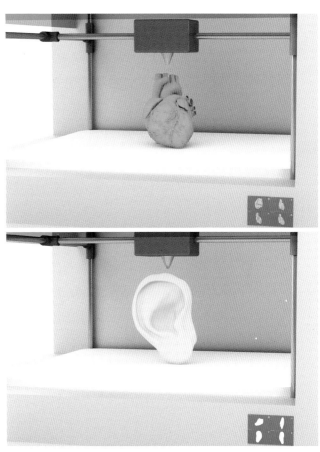

3D 프린팅 기술을 이용하여 만든 심장 모형과 귀

22시간으로 단축한 사례이다. 또한 삼성서울병원 이비인후과에서는 국내에서는 처음으로 부비동암 수술에 3D 프린터를 활용해 주목을 받았다. 부비동암을 앓고 있는 환자의 수술에 앞서 환자의 CT 영상 데이터로부터 환자의 수술 부위 골격을 3D 모형으로 제작해 얼굴에서 절제 범위를 확인하고 절제부위와 뼈 두께 등을 확인하며 수술에 이용하였다. 일본에서는 뇌와 유사한 모양과 질감, 신축성 및 반응성을 가지는 3D 모형 장기를 이용하여 수술 전에 실습함으로써 수술 성공률을 높일 수 있는 기술 개발이 진행되고 있다.

바이오 3D 프린팅 기술 이용한 인공장기 개발

미국 코넬 의대에서는 살아 있는 세포로 만들어진 주입용 겔과 3D 프린팅 기술을 사용해 실제 귀와 동일한 모양의 인공 귀를 제작하였으며 최근에는 세포를 직접 프린팅할 수 있는 기술들이 개발되고 있다. 미국의 3D 바이오프린터 벤처기업인 오가노보 사에서는 3D 프린터로 만든 간, 콩팥 등의 바이오 프린팅 소재를 개발해 상용화 단계에까지 도달하였다고 한다. 특히 인간 간에서 발견되는 3가지 종류의 세포로 만들어진 3D 간 조직을 판매하고 있는데 이 조직은 42일간 생존이 가능하다는 연구 결과를 보고하고 있다. 간 조직 모델을 위한 바이오잉크를 사용함으로써 신약의 개발 속도가 매우 빨라지고 비용도 절감할 수 있을 것으로 기대된다. 미국의 웨이크포레스트 대학에서는 3D 프린터 기술을 이용하여 환자의 상처를 확인하고 상처 부위 바로 위에서 상처의 깊이와 폭을 측정하여 인공피부를 직접 출력하는 3D 바이오 프린터를 개발하였다. 돼지에게 10센티미터의 피부이식이 성공적으로 진행되었다는 보고가 있다. 포스텍의 조동우 교수 연구팀은 최근 혈관조직이 내·외부로 분포된 뼈조직을 3D 프린팅 기술을 이용해 프린트하였다. 그동안 줄기세포를 이용해 손상된 조직이나 장기 재생 가능성에 관한 연구가 진행됐다. 그러나 재생시킬 수 있는 조직과 장기의 크기가 작아 결손

장기를 회복시키기에는 어려움이 존재했으나 혈관과 뼈조직으로 분화할 수 있는 치아 내부의 연조직인 '치수' 줄기세포와 뼈형성 단백질 등을 재료로 3D 프린팅을 함으로써 조직이나 장기 재생이 가능하게 되었다.

소셜 매뉴팩처링을 위한 3D 프린팅

이러한 제조업에서의 디지털화는 미래 공장의 모습을 지금과는 사뭇 다르게 그려가고 있다. 미래의 공장은 지금보다는 훨씬 스마트한 소프트웨어에 의해서 돌아갈 것이고, 통신이나 사진, 음악 및 영화와 같이 디지털에 의해서 혁신적 변화를 겪은 산업만큼 제조업에서의 디지털화는 혁신을 가져올 것이다. 특히 디지털화로의 변화는 대기업보다는 유연한 대처가 가능한 중견 혹은 중소 벤처 기업에서 시작될 것이라 기대한다. 3D 프린팅 기술을 제공할 수 있는 기업이나 SNS 네트워크 기반의 3D 프린팅 제품 서비스를 하는 곳들이 진화하고 있으며 이는 사회 관계 기반 제조social manufacturing라고도 알려져 있다.

3D 프린팅 기술이 차세대 제조업에 중요한 역할을 할 것으로 기

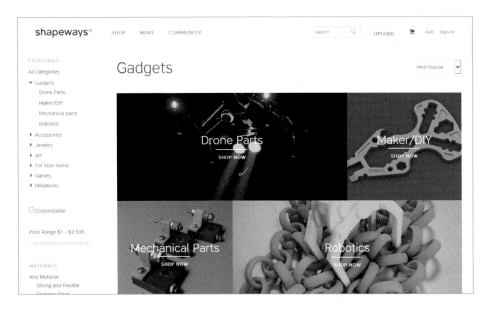

3D 프린팅 관련
인터넷 서비스
마켓플레이스인
쉐이프웨이즈

대하는 이유는 최근 급속도록 발전하고 있는 ICT와의 결합 및 융합 가능성 때문일 것이다. 현재는 스마트 네트워크나 클라우드 컴퓨팅 환경 그리고 3D 프린팅 기술에 의해서 다양한 분야에서 디지털화가 이루어지고 있으며 이를 기반한 제조업의 디지털화가 빠르게 진행되고 있다. 여기에서 새로운 비즈니스 모델과 생산/유통/소비의 패턴들이 새롭게 형성되고 있다.

3D 프린팅 기술의 발전은 제조업을 디지털화하여 인터넷과 SNS 등을 통해 소셜 매뉴팩처링을 더욱 가속화하고 있으며 전 세계를 대상으로 생산, 유통, 소비를 가능케 하고 있다. 창의적인 아이디어의 실현이 가능하게 하는 클라우드 펀딩 혹은 소셜 펀딩의 대표 주자인 킥스타터Kickstarter나 인디고고indiegogo 등이 활발한 활동을 하고 있다. 킥스타터의 경우 개인이나 소규모 업체에서 좋은 아이디어(프로젝트)가 제안되었을 때 일반인들을 상대로 후원금을 모아서 프로젝트를 가능하게 하는 펀딩을 하여 창업으로 연결되게 도와주는 프로그램이다. 물론 후원자들은 나중에 아이디어가 제품화되면 그 제품을 받을 수 있는 일종의 예약 구매가 가능하다. 또한 쉐이프웨이즈, 싱기버스, 버블샵Thebobbleshop, 큐비파이Cubify 등과 같이 온라인에서 3D 모형의 데이터파일을 사고팔고 있는 마켓플레이스가 생겨나고 있다. 주문한 파일을 출력하여 배달하는 다양한 서비스를 제시하며 온라인 마켓플레이스는 다양한 형태로 진화하고 있다. 쉐이프웨이즈는 네덜란드 회사로, 뉴욕에서 3D 프린팅 마켓플레이스 및 서비스를 제공하고 있다. 사용자가 디자인을 하여 이를 프린팅 가능한 파일로 쉐이프웨이즈 웹사이트에 업로드하면 쉐이프웨이즈를 통해서 실제 모형 프린팅이 가능하며 이를 다른 사용자에게 팔 수도 있다. 특히 3D 프린팅 팩토리가 뉴욕에 설립되어 사용자가 직접 디자인한, 1년에 수백만 개의 유저 디자인을 만들어내고 있다.

또한 모토로라가 2013년 10월 발표한 아라 프로젝트는 개방형 모듈러 스마트폰 플랫폼Modular Smartphone Platform을 구현하는 것으

아라 프로젝트의 기본 컨셉인 개인형 3D 프린팅 모듈 및 관련 부품의 전개도

로 소프트웨어 플랫폼을 넘어선 하드웨어 플랫폼을 기반한 개인 맞춤형 서비스를 추진하고 있다. 이렇듯 모듈형 스마트폰 제조에 3D 프린팅 기술을 도입함으로써 개인이 디자인한 스마트 기기를 만들 수 있는 새로운 방식을 선보이고 있다. 2014년 말에 발표한 구글의 현재 상황 리포트에 따르면 아직 3D 프린팅 기술을 이용한 스마트폰 플랫폼은 어렵지만 향후 기술의 성숙을 바탕으로 3D 프린팅으로 원하는 스마트폰 플랫폼 기술을 선보일 예정이다.

3D 프린팅 기술의 진화: 4D 프린팅 기술

3D 프린팅 기술이 디지털 정보와 3D 프린터를 이용하여 원하는 입체를 구현하는 것을 의미한다면, 4D 프린팅 기술은 이러한 3D 프린터에 의해서 나온 구조체가 환경에 반응하여 시간에 따라서 변화하는 개념을 추가하고 있다. 3D 프린팅 기술을 이용해 만든 물체가 온도, 햇빛, 물 등의 요인에 따라 스스로 변형되도록 만드는 기술이 4D 프린팅 기술이다. 예를 들어 3D 프린터로 의수를 출력했다고 하면, 특정 온도나 압력 혹은 외력의 특정 조건에 의해서 출력물의 손가락이 접히거나 움직일 수 있게 프린팅하는 것이 4D 프린팅이라 할 수 있다.

4D 프린팅 기술을 이루고 있는 핵심 요소 기술은 스마트 소재와 변화 과정을 예측할 수 있는 설계 기술, 그리고 스마트 소재를 프린트할 수 있는 고기능성 3D 프린터 및 공정기술이다. 4D 프린팅이라는 용어는 2013년 미국 MIT 자가조립연구실 스카일러 티비츠 교수의 TED 강연을 통해 알려졌다. 당시 '4D 프린팅의 출현The emergence of 4D printing'이라는 제목으로 강연을 진행했으며, 이후 4D 프린팅 기술은 3D 프린팅의 진화된 개념으로 여겨지고 있다. 기존의 3D 프린팅 소재는 플라스틱, 금속, 세라믹 등 종류도 매우 다양해지고 있지만 4D 프린팅 기술에서 사용하기에는 소재의 측면에서 여러 가지 제약이 따르는 경우가 많다. 특정 기능성 소재는 기존의 3D 프린터로 프린팅 할 수 없

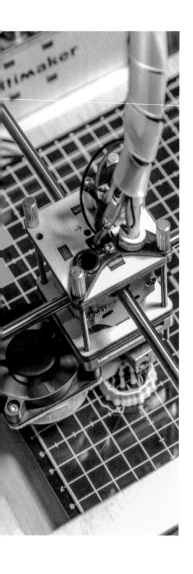

는 경우도 발생하고 있지만, 이를 프린팅 할 수 있는 3D 프린터 및 공정 기술이 점차 개발되고 있다. 4D 프린팅 기술에서 소재의 선택은 매우 중요한 부분이다. 현재 4D 프린팅 기술에서 사용되고 있는 스마트 소재는 온도에 반응하여 길이나 형상이 변화하는 소재를 사용한다. 또한 UV 에너지에 반응하는 소재를 3D 프린팅 소재로 사용하여 프린팅할 경우 햇빛과 같은 UV에너지에 반응할 수 있는 4D 프린팅이 가능하다. 물이나 액체를 쉽게 흡수하는 소재를 이용한 3D 프린팅 기술에 대한 연구가 이루어지고 있다.

4D 프린팅 기술을 설명할 때 대표적으로 언급되는 소재 중의 하나는 바이오 소재이다. 앞서 제시한 환경 반응 소재는 반응 속도가 수초 혹은 1시간 이내로 짧다. 하지만 바이오 소재는 시간에 따라 변화하긴 하지만 그 변화를 완료하는 시간이 1달이나 1년 정도로 매우 긴 시간 동안 변화하는 특징을 가진다. 바이오 3D 프린팅 기술은 공학용 3D 프린팅 기술과 함께 발전해 오고 있지만 소재가 생체 친화적인 소재를 사용하거나 세포 자체를 사용하는 기술이다. 특히 생체 친화적 소재의 경우 우리 몸에 들어가서 시간이 지나면 녹을 수 있는 자기분해self-degradable 특성을 가진 것이 많다. 생분해성 소재는 시간이 지나면 체내에서 스스로 분해가 되어 변화하게 되기 때문에 4D 바이오 소재로 사용된다.

3D 프린팅 기술이 시작한 지는 벌써 30년이 넘었다. 하지만 3년 정도 지난 4D 프린팅은 다양한 가능성을 보여주고 있기에 최근 한창 흥미진진해지고 있다. 4D 프린팅 기술이 발전할 경우 3D 프린터의 출력 한계, 즉 물체의 크기와 부피의 한계를 극복하는 대안이 될 수 있다. 예를 들어 3D프린터로 한 번에 테이블을 만들기 위해서는 그 크기에 맞는 대형프린터가 필요하다. 그렇지만, 4D 프린팅으로는 평면으로 출력한 뒤에 나중에 스스로 형태를 변형하여 조립되는 테이블을 만들 수 있다. 더 나아가서 3D 프린터의 급속한 기술 발달과 관련 분야의 소프트웨어 발달과 함께 4D 프린팅도 더욱 활성화 될 것이다. 특히 3D 프린터에 스

마트 소재와 스마트 설계가 결합되어야 하기 때문에 한동안 4D 프린팅 소재인 소재 개발에 초점이 맞춰질 것으로 예상된다.

3D 프린팅 기술이 현재의 관심 수준을 넘어서 응용 분야가 다변화되고 4D 프린팅의 발전이 가능하기 위해서는 현재 기술이 가지는 많은 이슈를 넘어서야 한다. 3D 프린팅 기술의 핵심 요소인 해상도, 소재, 소프트웨어 및 복합화 등에서 많은 기술 개선이 선결 과제이다. 먼저 프린터의 해상도가 현재의 수십 마이크로미터에서 수 마이크로미터 내지 100나노미터급으로의 발전이 필요하다. 프린터 속도의 경우 최근 기술의 급격한 발전이 이루고 있으며 실제로 카본 3D 사에서 개발한 SLA 타입의 프린터가 기존 대비 거의 100배 빠른 속도 향상을 보이고 있다. 추가적인 기술 발전이 이뤄지면 속도와 해상도의 획기적인 향상이 가능할 것으로 기대된다. 다만 보급형 프린터나 금속 프린터에서의 속도 문제는 여전히 중요한 이슈가 되고 있다.

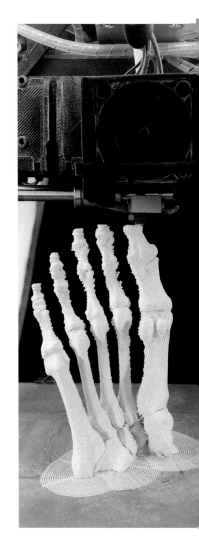

프린팅 소재의 경우 다양한 소재가 프린팅 소재로 사용되고 있지만 복합 소재나 기능성 소재의 프린팅 연구가 필요하다. 금속이나 세라믹, 바이오 소재 등의 단일 소재에 대한 프린팅이 가능하지만 금속-세라믹, 금속-플라스틱 등 2개 이상의 다종 소재에 대한 프린팅 기술은 3D 프린팅 기술의 폭발적 응용 확대를 가져올 것이다. 특히 친환경, 고기능성(형상 기억, 고강도, 고전도성 등)의 소재를 프린팅할 수 있는 공정 개발이 요구되고 있다. 이 밖에도 3D 프린팅 기술의 특징을 살릴 수 있는 제품의 설계 기술 및 일반인도 쉽게 사용할 수 있는 소프트웨어의 개발이 필요하다. 3D 프린팅 분야의 소재, 프린팅 공정 및 소프트웨어에서의 발전을 통해서 복합소재, 복합 구조체 등을 구현할 수 있을 것이며 비로소 기존 제조기술을 대체할 수 있는 많은 혁신적 응용 아이템이 나타날 수 있을 것이다.

issue 08

온실가스 배출권거래제

이충환

서울대 대학원에서 천문학 석사학위를 받고, 고려대 과학기술학 협동과정에서 언론학 박사학위를 받았다. 천문학 잡지 《별과 우주》에서 기자 생활을 시작했으며 〈동아사이언스〉에서 《과학동아》, 《수학동아》 편집장을 역임했으며, 현재는 콘텐츠사업팀 편집위원으로 있다. 옮긴 책으로 『상대적으로 쉬운 상대성이론』, 『빛의 제국』 등이 있고 지은 책으로는 『블랙홀』, 『재미있는 별자리와 우주 이야기』 등이 있다.

이산화탄소를 내보내려면 돈을 내야 한다?

"황사 같은 먼지가 거대한 폭풍처럼 몰려오고, 밀농사가 불가능해 져서 옥수수만 심으며, 병든 사람들이 점점 늘어난다."

국내에서 1000만 명 이상의 관객이 봤던 영화 '인터스텔라' 속의 지구는 극심한 기후변화를 겪으며 황폐해졌으며, 병충해로 인해 식량난 에 시달리고 있다. 영화 속 인류는 종말을 향해 치닫고 있는 것처럼 보 인다.

현실은 영화 못지않게 심각하다. 몇 십 년 만에 찾아온 최악의 가 뭄, 폭우, 더위, 추위 등 기상이변은 어제오늘의 일이 아니다. 2014년에

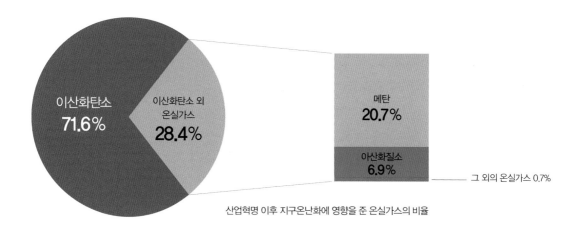

산업혁명 이후 지구온난화에 영향을 준 온실가스의 비율

발표된 「지구생명보고서」에 따르면, 지난 40년간 전 세계 척추동물의 수가 50% 이상 감소했으며, 현재 동물 종의 약 3분의 1은 멸종 위협을 받고 있거나 멸종위기에 처한 동물이다. 이에 대한 중요한 원인 중 하나가 바로 기후변화이다.

최근의 기후변화는 인간 활동에 의한 지구온난화 때문에 발생했을 가능성이 90% 이상이며, 주요 원인은 화석연료의 과도한 사용으로 인한 온실가스 농도의 증가 때문이다. 이는 '기후변화에 관한 정부간협의체(Intergovernmental Panel on Climate Change, IPCC)'에서 발표한 결과이다.

전 세계적으로 온실가스를 감축하기 위해 노력하는 것은 이제 선택이 아니라 필수다. 2015년 11월 30일부터 12월 11일까지 프랑스 파리에서 제21차 유엔기후변화협약 당사국총회(COP21)가 열렸는데, 이 자리에 150개국 정상이 모여 2020년 적용될 '신 기후변화 체제New Climate Regime'의 기틀을 마련했다. 총회에 참석한 박근혜 대통령도 '2030년 배출 전망치(BAU) 대비 37% 온실가스 감축'을 목표로 제시했는데, 이 목표에는 배출권 거래가 중요하게 포함돼 있어 논란을 불러일으켰다. 온실가스를 감축하기 위한 노력의 일환이라는 배출권 거래란 무엇일까? 우리나라는 2015년부터 '배출권 거래제'를 도입했다.

온실가스 배출 멈추더라도 수백 년간 영향

온실가스 배출권 거래제가 도입된 배경에는 온실가스의 증가에 따른 기후변화에 있다. 18세기 중엽 영국에서 산업혁명이 일어난 이후 석탄, 석유 등 화석연료를 에너지원으로 사용하면서 대기 중 온실가스 농도가 크게 늘었다. IPCC는 세계기상기구(WMO)와 유엔환경계획(UNEP)이 함께 설립한 국제단체로 1990년 이후 5~6년 간격으로 기후변화 평가보고서를 발간했는데, 2013년 10월 공개된 IPCC 제5차 보고서에 따르면, 대기 중 이산화탄소는 체계적으로 측정하기 시작한 1958년 이후 약 20%가 증가했다. 이는 1750년을 기준으로 따진다면 40%나 늘어난 수치이다. 구체적으로 이산화탄소 평균농도는 산업혁명 전에 약 280ppm이었으나 2011년 391ppm으로 증가했다.

문제의 심각성은 지금 당장 온실가스 배출을 멈추더라도 앞으로 수백 년간 영향을 줄 것이라는 데 있다. 만일 이산화탄소 배출이 많아진다면 대기 중 이산화탄소의 농도가 점점 늘어나겠지만, 해양에 녹아드는 이산화탄소 또한 늘어 해양 산성화에 대한 우려도 커질 것이다.

IPCC 제4차 보고서에 따르면 지난 100년간(1906~2005년) 지구의 표면기온은 0.74℃ 높아졌는데, 최근 50년간의 온난화 추세는 지난 100년 추세의 거의 2배를 기록했다. 제5차 보고서에서는 1880~2012년 동안 지구의 표면기온이 0.85℃ 상승했다는 결과를 발표했다. 그런데 지금처럼 이산화탄소를 배출한다면, 21세기 말 지구의 평균기온은 지금보다 무려 3.7℃나 높아진다.

평균기온이 높아진다면 극지방의 빙하가 더 많이 녹아내리며 북극 해빙도 감소할 것이고, 해수면은 상승할 것이다. 해수면은 최근 20년간 매우 빠르게 상승하고 있다. 1901~2010년에 지구 해수면의 평균 상승률이 연간 1.7밀리미터인 데 반해 1993~2010년에는 연간 2.3밀리미터로 높아졌다. 제5차 보고서에 따르면, 지금처럼 이산화탄소를 배출할 때, 21세기 말에 해수면의 평균 상승률은 연간 11밀리미터까지 높아질 것이다. 결국 해수면이 평균 63센티미터, 최대 82센티미터까지 상승할 것으로 예상된다.

　인도양의 몰디브, 태평양의 투발루, 마셜제도, 나우루공화국 등 44개 섬나라들은 수몰 위기에 처했다. 지구온난화로 해수면이 상승하면 이 섬나라들은 국토가 침수돼 수십 년 안에 지도에서 완전히 사라질 수 있다. 실제 몰디브의 경우 국토의 80%가 해발고도 1미터 미만이며, 인구의 42%가 해안에서 100미터 이내에 살고 있는 것으로 알려져 있다.

　많은 과학자들은 해수면이 1미터 상승한다면, 바다보다 낮은 땅이 많은 네덜란드는 국토의 6%가 물속에 잠기고, 아시아에 있는 방글라데시는 국토의 17.5%가 침수될 것이라고 예측한다. 또 지구의 온도가 2℃ 상승한다면, 열대 지역의 농작물이 대폭 감소해 약 5억 명이 굶주릴 위기에 처하고 최대 6000만 명이 말라리아 전염병에 걸릴 가능성이 있으며, 33%의 생물은 멸종 위기에 놓이게 된다. 만일 지구의 온도가 4℃ 올라간다면, 유럽의 여름 기온이 50℃까지 오르고, 스페인, 이탈리아, 그리스 등이 사막으로 변하며, 북극의 얼음이 사라져 북극곰처럼 추운 지방에 사는 생물들은 멸종되고 말 것이다.

　재해를 감소시키기 위한 유엔 국제전략기구(UNISDR)는 전 세계

투발루 푸나푸티
해변의 모습

가 기후변화에 체계적으로 대응하지 않는다면 21세기에 최소 25조 달러의 경제적 손실을 입을 수 있다고 경고하고 있다. 이는 전 세계 국민 총생산의 3분의 1 수준에 이를 것이라고 한다. 제네바에 본부를 둔 '국내난민감시센터(IDMC)'에 따르면, 2014년 자연재해로 집을 잃은 사람이 전 세계적으로 1930만 명에 달한다. 이 가운데 90% 이상은 기상 현상과 관련된 소위 '기후 난민'이다.

2015년 지구 가장 뜨거웠다

2015년 5월 인도는 48℃까지 치솟는 폭염으로 2000여 명이 목숨을 잃었다. 7월 이란에서는 최고 기온이 48.9℃에 달하고 체감온도가 80℃를 넘나드는 기록적인 폭염이 이어졌다. 지구촌 곳곳에서 이상기후 현상이 빈발하면서 2015년 지구 평균 기온은 기상 관측 이래 가장 높을 것으로 예측되기도 했다. 미국 해양대기청은 2015년 7월까지 지구 기온이 역대 가장 더운 2014년 평균보다 0.1℃ 높았다고 밝혔다.

우리나라의 경우 2015년 8월 대구의 최고기온이 38.3℃까지 치솟아 20년 만에 최고기온의 기록을 경신했다. 2015년 여름 폭염으로 인해 열사병, 열경련, 열부종, 열실신, 열탈진 등을 겪은 환자가 2014년보다 2배 가까이 늘었다. 질병관리본부가 발표한 '2015년 온열질환 감시체계 운영결과'에 따르면 2015년 온열질환 환자는 1056명으로 나타났다. 이는 2014년 환자 556명의 1.9배였다. 2014년에는 폭염으로 인한 사망자가 1명뿐이었지만, 2015년에는 11명이 폭염 때문에 목숨을 잃었다.

기후 변화는 우리나라 식생 지도와 수산물 지도를 완전히 바꾸고 있다. 농촌진흥청 국립원예특작과학원이 발표한 주요 작물의 재배 한계선에 따르면, 1960년대 대구 이남에서 재배되던 사과가 지금은 경기 포천에서도 자라고 있으며, 복숭아는 경북 청도에서 경기 파주까지, 녹차는 전남 보성에서 강원 고성까지 재배지가 북상했다.

국립수산과학원 조사에 따르면, 한반도 해역의 표면 수온이 1968

년부터 2010년까지 1.29℃나 상승했다. 이는 세계 바다의 수온이 100년간 상승한 0.5℃를 2.5배나 웃도는 수치다. 이렇게 한반도 해역의 수온이 오르자 한류성 어류인 명태는 남한 해역에서 1990년대 이후 '씨가 마른' 어종이 됐다. 반면 난류성 어류인 전갱이는 동중국해로 가서 월동하지 않고, 겨울에도 남해 연안에 머물고 있으며, 난류를 따라 남해에서 잡히던 멸치는 울릉도 근해에서 잡히고 있다. 일본 혼슈 이남에 살던 다랑어는 울산 앞바다에서도 잡히고 있으며, 요즘은 난대성 해파리가 해수욕장에 나타나 사람들을 위협하고 있다.

만일 현재 추세대로 이산화탄소를 배출한다면, 2071~2100년 한반도 기후는 어떻게 변할까? IPCC 제5차 보고서를 반영해 기상청이 발간한 「한반도 기후변화 전망보고서」에 따르면, 한반도는 기온이 현재보다 5~6℃ 정도 올라가 아열대 기후로 변한다. 겨울이 대폭 줄고 봄과 여름이 늘어난다. 부산, 울산, 경남 지역은 겨울로 분류할 수 있는 날이 겨우 7일뿐이다.

기온이 올라가면 재배할 수 있는 작물 종류도 달라진다. 감자로 유명한 강원도는 21세기 말에 감자를 키울 수 없고, 포도와 수수를 재배할 수 있게 된다. 서울, 경기, 인천 지역도 21세기 중반에 이미 감자를 재배하기엔 너무 따뜻해진다. 21세기 말쯤이면 러시아처럼 우리나라보다 훨씬 기온이 낮은 곳에서 감자를 수입해 먹어야 할 것이다.

기상청 보고서에 따르면, 21세기 말 한반도의 강수량은 지금보다 18% 늘어난다. 서울보다 북쪽에 있는 평양의 평균기온은 현재 제주 서귀포시의 평균 기온인 16.6℃와 비슷해진다. 그렇다면 남산 정상에서 소나무가 아니라 귤나무를 보게 될지도 모른다.

1992년 유엔기후변화협약 채택

기후변화, 특히 지구온난화에 대해 국제적인 대응은 오래전부터 시작됐고, 세계 각국이 참여하는 기후변화협약과 유엔 산하 IPCC도 이런 노력의 일환이다.

지구온난화에 대한 국제 사회의 노력은 1979년 시작됐다. 제1차 국제기후총회에서 세계 여러 나라를 대표하는 기후학자들이 한자리에 모여 기후변화 문제의 심각성을 논의했다. 세계기상기구와 유엔환경계획은 기후변화가 전 세계 곳곳에 사는 사람들에게 어떤 영향을 미치는지에 대해 연구했고, 그 결과 지구환경에 대한 대응 방안을 마련하기 위해 IPCC가 1988년 설립됐다.

유엔기후변화협약(UN Framework Convention on Climate Change, UNFCCC)은 1992년 6월 브라질 리우데자네이루에서 개최된 유엔환경개발회의(UNCED)에서 채택된 것이다. '리우환경회의'라고도 불리는 이 자리에서 선진국과 개발도상국이 '공동의 그러나 차별화된 책임'에 따라 각자의 능력에 맞게 온실가스를 감축할 것을 약속했다.

유엔기후변화협약은 차별화 원칙에 따라 협약 당사국 중 부속서 1(Annex Ⅰ) 국가, 부속서 2(Annex Ⅱ) 국가, 비부속서 국가로 구분하여 각기 다른 의무를 부담하도록 규정했다. 부속서 1 국가에 포함된 42개국에 대해 역사적 책임을 이유로 2000년까지 온실가스 배출 규모를 1990년 수준으로 감축시킬 것을 권고했다. 협약 당시 OECD 국가, 유럽경제공동체(EEC) 국가, 산업혁명 당시 경제적 부를 이룩한 국가(동유럽 시장경제 전환국가)가 부속서 1 국가에 속한다.

부속서 1에 포함되지 않은 개발도상국에 대해서는 온실가스 감축과 기후변화 적응에 대한 보고, 계획 수립, 이행과 같은 일반적 의무를 부여했다. 우리나라를 포함한 비부속서 1(non-Annex Ⅰ) 국가들은 감축의무를 부담하지 않는 개도국으로 분류됐다. 또 부속서 2 국가에 포함된 24개 선진국(협약 당시 OECD 회원국)은 개도국의 기후변화 적응과 온실가스 감축을 위해 재정과 기술을 지원하는 의무를 규정했다.

기후변화협약은 최고 의사결정기구로서 당사국총회(COP)를 두고, 협약의 이행과 논의는 당사국 합의로 결정한다. 당사국총회의 의사결정을 지원하기 위한 부속기구는 협약의 이행 및 과학기술적 측면을 검토하는 이행부속기구(SBI)와 과학기술자문부속기구(SBSTA)가 있다. 당사국총회는 연 1회 개최되며, SBI와 SBSTA는 연 2회 열리는데, 1회는 COP와 연계해 개최된다.

교토의정서의 구속력

문제는 기후변화협약에 의한 온실가스 감축의 경우 구속력이 없다는 것이었다. 이에 따라 마련된 방안이 교토의정서Kyoto Protocol이다. 1997년 일본 교토에서 열린 제3차 유엔기후변화협약 당사국총회(COP3)에서는 선진국들의 온실가스 감축의무를 수량적으로 규정한 교토의정서를 채택했다. 교토의정서가 채택되기까지는 온실가스의 감축목표와 감축 일정, 개도국의 참여 문제로 선진국 간, 선진국과 개도국 간의 의견 차이로 심한 대립을 겪었다. 의정서는 2005년 2월 공식적으로 발효됐다.

교토의정서는 지구온난화의 주범인 온실가스를 이산화탄소(CO_2), 메탄(CH_4), 아산화질소(N_2O), 수소불화탄소(HFCs), 과불화탄소(PFCs), 육불화황(SF_6) 6가지로 정의했을 뿐 아니라, 부속서 1 국가들에게 제1차 공약기간(2008~2012년) 동안 온실가스 배출량을 1990년 수준에 대비해 평균 5.2% 감축하는 의무를 부여했다. 비부속서 1 국가들에는 유엔기후변화협약에서와 마찬가지로 온실가스 감축과 기후변화 적응에 대한 보고, 계획 수립, 이행 등 일반적인 조치를 요구했다. 당사국은 온실가스를 감축하기 위한 정책과 조치를 취해야 하는데, 그 분야는 에너지 효율 향상, 온실가스의 흡수원과 저장원 보호, 신재생에너지 개발 및 연구 등도 포함된다.

나아가 교토의정서는 이른바 '신축성 메커니즘Flexibility Mechanism'을 도입해 온실가스를 비용 측면에서 효과적으로 감축하고 개도국의 지속 가능한 발전을 지원할 수 있는 계기를 마련했다. 구체적으로 청정개발체제(Clean Development Mechanism, CDM), 공동이행

제도(Joint Implementation, JI)와 함께 국제배출권거래제(International Emission Trading, IET)를 도입한 것이다.

청정개발체제는 선진국이 개도국에서 온실가스 저감사업을 수행해 감소된 실적 일부를 선진국의 저감량으로 허용하는 것이고, 공동이행제도는 A 선진국이 B 선진국에 투자해 발생된 온실가스 감축분을 A국의 감축실적으로 인정하는 것이다. 또 국제배출권거래제는 온실가스 감축 의무가 있는 국가들에 배출쿼터를 부여한 뒤 국가 간 배출쿼터의 거래를 허용하는 것이다.

의무이행 대상국은 미국, 유럽연합(EU) 회원국, 캐나다, 오스트레일리아, 일본 등 총 37개국이다. 제1차 공약기간인 2008~2012년에 각국이 감축해야 하는 목표량은 -8~+10%로 차별화됐는데, 예를 들어 유럽연합이 -8%, 일본이 -6%라는 목표량에 따라 온실가스를 줄이기로 했다. 이 감축 목표량에는 1990년 이후 토지 이용변화와 산림에 의한 온실가스 제거를 포함하도록 했다.

2012년 카타르 도하에서 열린 제18차 유엔기후변화협약 당사국총회(COP18)에서는 제2차 감축공약기간을 2013년부터 2020년까지 8년간으로 정하고, 온실가스를 1990년에 비해 25~40% 감축하기로 합의했다. 의무감축 대상국은 유럽연합, 스위스, 오스트레일리아 등 37개국인데, 미국, 러시아, 캐나다, 일본과 같이 전 세계 배출량의 50% 이상을 차지하는 주요 국가들이 불참했다. 각국 의회의 승인을 받아 법적 구속력을 가졌던 1차 공약기간(2008~2012년)과 달리 2차 공약기간은 각국 정부 차원의 약속으로 법적 구속력도 없었다.

교토의정서 채택 이후에도 선진국과 개도국 간의 의견 차이는 좁히지 못했다. 미국은 2001년 자국의 산업을 보호하기 위해 탈퇴했고, 개도국의 대표격인 중국은 탄소 감축에 대해 어떤 발언도 하지 않았다.

2007년 인도네시아 발리에서 열린 제13차 유엔기후변화협약 당사국총회(COP13)에서는 교토의정서 1차 공약기간의 종료에 대비하고자 하는 활발한 논의가 있었다. 그 결과 교토의정서에 불참한 선진국과

온실가스별 지구온난화지수

온실가스 종류	지구온난화지수*	배출원	주요 특성
이산화탄소(CO_2)	1	화석연료사용, 산업공정	에너지원, 공정배출원
메탄(CH_4)	21	폐기물, 농업, 축산	비점오염 형태로 포집 난해성
아산화질소(N_2O)	310	화학공업, 하수슬러지, 목재 소각 시	배출원에 따라 포집 난이도 존재
수소불화탄소(HFC_s)	140~11700	냉매, 용제, 발포제, 세정제	대기 중 잔존기간이 길고, 화학적으로 안정적
과불화탄소(PFC_s)	6500~11700	냉동기, 소화기, 세정제	
육불화황(SF_6)	23900	충전기기 절연가스	

*지구온난화지수는 이산화탄소 1Kg과 비교했을 때, 어떤 온실가스가 대기 중에 방출된 뒤 특정 기간에 그 기체 1Kg의 가열 효과가 어느 정도인가를 평가하는 척도인데, 100년을 기준으로 이산화탄소의 지구온난화지수를 1로 본다.

개도국까지 참여하는 '포스트 2012 체제'를 2009년 제15차 당사국총회(COP15)에서 출범시키기로 합의했다. 하지만 선진국과 개도국이 감축 목표, 개도국에 대한 재정 지원 등의 핵심 쟁점을 둘러싸고 서로의 간극을 좁히지 못했다. 이에 덴마크 코펜하겐에서 출범하기로 한 '포스트 2012 체제'는 좌초되고 말았다.

대신 2010년 멕시코 칸쿤에서 개최된 제16차 당사국총회(COP16)에서 과도기적인 조치를 이끌어냈다. 선진국과 개도국이 2020년까지 자발적으로 온실가스 감축 약속을 이행하기로 합의한 것이다. 이를 '칸쿤 합의Cancún Agreement'라고 한다.

교토의정서의 제2차 공약기간도 정해졌다. 당사국들은 2012년 카타르 도하에서 열린 제18차 당사국총회(COP18)에 모여 이 기간을 2013~2020년으로 설정하는 안을 채택했다. 하지만 '도하 수정안Doha Amendment'이라 불리는 이 합의에, 기존의 교토의정서 불참국인 미국 외에도 러시아, 캐나다, 일본, 뉴질랜드 등이 불참을 선언했다. 이에 따라 참여국 전체의 온실가스 배출량이 전 세계 배출량의 15%에 불과하게 됐다.

이에 앞선 2011년 남아프리카공화국 더반에서 개최된 제17차 당사국총회(COP17)에서는 중요한 합의가 이루어졌다. 2020년 이후 모든 당사국이 참여하는 새로운 기후변화체제를 수립하기 위한 '더반 플랫폼Durban Platform' 협상을 출범시키기로 합의한 것이다. 2013년 폴란드 바르샤바에서 열린 제19차 당사국총회(COP19)에서 당사국들은 지구 기온 상승을 산업화 이전 대비 2℃ 이내로 억제하기 위해 필요한 2020년 이후의 '국가별 온실가스 감축 기여방안(Intended Nationally Determined Contributions, INDC)'을 자체적으로 결정해, 2015년 제21차 당사국총회(COP21) 이전에 사무국에 제출하기로 했다.

협상타결 시한을 1년쯤 앞두고 2014년 12월 페루 리마에서 열린 당사국총회(COP20)에서는 국가별 온실가스 감축 기여방안의 제출 절차와 일정을 규정하고 기여방안에 반드시 포함돼야 할 정보 등에 대한 '리마 선언Lima Call for Climate Action'을 채택했다. 이로써 2015년 11월 프랑스 파리에서 개최되는 제21차 당사국총회(COP21)에서 신(新)기후협상이 타결되기 위한 기반이 마련됐다.

한국은 탄소 배출 세계 7위

우리나라는 1993년 12월 유엔기후변화협약에 가입했으며, 교토의정서 체제하에서 온실가스 감축 의무가 없는 비부속서 1 국가로 분류

2015년에 열린 제20차 당사국총회(COP20)

된다. 하지만 신장된 국력과 국제사회의 기대를 고려해 2009년 '2020년 배출전망(BAU) 대비 30% 감축'이라는 자발적 목표를 설정해 제시했다. 이런 목표는 IPCC가 권고한 최고 수준이며, 범세계적 기후변화 대응에 동참하려는 적극적 의지를 반영한 것이다.

또한 우리나라는 2009년 '유엔 기후정상회의UN Climate Summit'에서 '국가 적정 감축 행동 등록부(Nationally Appropriate Mitigation Actions Registry, NAMA Registry)'를 설치하자고 제안했다. 이는 개도국의 감축 행동을 국제적으로 인정함으로써 개도국이 자발적으로 온실가스 감축에 나설 수 있도록 하는 메커니즘이다. 이런 제안은 선진국과 개도국 간 입장차를 좁힐 수 있는 중재안으로 평가받으며, 2010년 칸쿤 합의에 반영됐다.

2010년 칸쿤에서 열린 당사국총회(COP16)에서는 개도국의 온실가스 감축 및 적응 활동을 지원하기 위해 녹색기후기금(Green Climate Fund, GCF)을 설립하기로 합의했는데, 치열한 유치전 끝에 2012년 10월 우리나라는 GCF 사무국을 인천 송도에 유치하는 데 성공했다. 우리나라는 이를 계기로 기후변화의 재원 분야에서도 활발하게 활동하고 있다. 2014년 9월 개최된 유엔 기후정상회의에서는 한국의 대통령이 멕시코 대통령과 함께 '기후 재원Climate Finance' 세션의 공동 의장직을 맡았으며, 기조연설에서 GCF에 최대 1억 달러를 출연하겠다고 약속했다. 우리나라가 GCF 초기 재원 조성에 선도적 역할을 한 덕분에, 주요 국들의 출연이 잇달아 지난 7월 말 현재 GCF 재원은 당초 목표(100억 달러)를 넘어 102억 달러에 이르렀다.

2014년 11월에는 세계 온실가스 배출 1위와 2위인 미국과 중국의 정상이 만나 온실가스감축에 관한 합의를 이끌어냈다. 기후변화체제를 보이콧해 온 미국은 2025년까지 2005년 수준의 26~28%의 온실가스를 감축하고, 선발 개도국의 좌장이라 할 수 있는 중국은 2030년 이후 더 이상 온실가스 배출을 늘리지 않기로 했다. 온실가스 배출 세계 7위인 한국도 책임 있는 중견국가로서 우리의 산업 여건을 최대한 반영하면서 인류공동의 과제인 신(新)기후체제 출범 이후에도 기여하기 위해 더 노력해야 한다.

국내적으로는 기후변화 위협이 커짐에 따라 편안하고 쾌적한 기후·환경을 누리는 것은 더 이상 공짜가 아니라 대가를 지불해야 한다는 공감대를 형성할 필요가 있다. 개인 및 지역, 기업, 정부가 기후변동성 및 온난화에 적응하고 위험을 완화하려는 노력을 기울여야 한다. 특히 기후나 환경은 공공재적인 특성이 강하므로 민간 부문의 자발적 참여를 유도하기 위해서는 정부의 주도적 역할이 중요하다. 정부의 투자 및 지원정책 하에 한국 기업이 보유한 제조경쟁력, IT 기술 등의 강점을 활용해 기후 관련 분야에서도 새로운 기회를 모색할 시점이다.

온실가스 배출권거래제

기후변화를 완화하기 위한 전 지구적 차원의 방안이 바로 온실가스 감축이다. IPCC 제5차 보고서에 따르면, 21세기 말까지 산업화 이전에 비해 평균기온의 상승을 2℃ 이내로 억제하기 위해서는 전 세계 온실가스 배출량을 2050년까지 2010년 대비 최대 70%까지 감축해야 한다. 경제규모에서 전 세계 15위인 우리나라는 국제사회로부터 적극적인 온실가스 감축을 요구받고 있는 상황이다. 2010년 1인당 온실가스 배출량이 11.52톤으로 OECD 국가 중 7위이며, 배출량 증가 추세는 연평균 3.9%로 OECD 국가 중 1위를 기록했기 때문이다.

우리나라는 교토의정서 체제하에서 비자발적 감축국에 속해 있었으나, 국제사회의 온실가스 감축 요구에 대응하고 저탄소 기술 개발을 촉진하기 위해 2009년에 2020년 온실가스 배출전망(BAU) 대비 30% 감축이라는 자발적 목표를 설정했다. 이 목표를 달성하기 위해 정부는 2010년 1월 '저탄소 녹색성장 기본법'을 제정했다. 이에 따라 2012년부터 산업부문에서 온실가스·에너지 목표관리제를 시행했고, 배출권거래제의 근거 법령인 '온실가스 배출권의 할당 및 거래관한 법률'을 제정했다. 직접 감축만 인정하는 목표관리제의 단점을 보완하기 위해 2년간의 준비기간을 거쳐 2015년부터 '배출권거래제'를 도입하게 된 것이다.

온실가스 배출권은 특정기간 동안 일정량의 온실가스를 배출할 수 있는 권한을 말하며, 온실가스 배출권거래제란 정부가 온실가스를 배출하는 기업에 연 단위로 배출권을 할당해 그 범위 내에서 배출할 수 있도록 하고, 기업은 실질적인 온실가스 배출량을 평가해 부족분 또는 여분의 배출권을 다른 기업과 거래할 수 있도록 허용하는 제도이다. 즉 기업이 온실가스를 많이 감축하면 정부가 할당한 배출권 중 초과감축량을 시장에 팔 수 있고, 반대로 기업이 적게 감축해 배출허용량을 넘어선 경우 부족한 배출권을 살 수 있다. 기업 입장에서는 자신의 감축여력에 따라 직접적인 온실가스 감축 또는 배출권 구매를 자율적으로 결정해 온실가스 배출 할당량을 준수할 수 있다. 어떤 기업의 경우 온실가스 감축비용이 높다고 하면, 배출권을 구입하는 것이 비용을 절감할 수 있는 방법이다.

정부는 산업계, 전문가, 시민단체 등으로부터 다양한 의견을 모아 2014년 1월 국가 BAU를 재검증하고 감축목표를 달성하기 위해 산업, 건물, 수송 등 7개 부문별 감축 정책과 이행 수단을 포함한 '국가 온실가

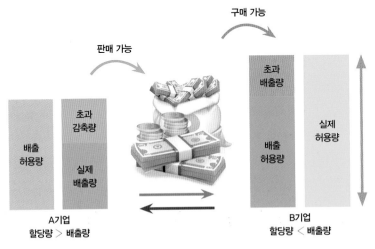

배출권거래제의 개념도

스 감축목표 달성을 위한 로드맵'을 마련했고, '배출권거래제 기본계획' 을 수립해 배출권거래제 운영 향후 10년의 방향을 제시했다. 2014년 9 월 국가 배출권 할당계획을 확정했는데, 2015~2017년의 제1차 계획 기간 동안 배출권 총량은 16억 8700만 톤 수준이다. 2014년 12월 온실 가스 배출권을 23개 업종의 520여 개 업체에 할당했고, 2015년 1월 1 일부터 온실가스 배출권 거래제를 시행하게 된 것이다.

배출권거래제를 안정적으로 운영하기 위해 2014년 1월 한국거래 소(KRX)를 배출권거래소로 지정했고 2015년 1월 배출권 거래시장을 개장해 거래 기반을 마련했다. 이후 배출권거래제 협의회, 온실가스 배 출권 바로 알기 세미나 등을 운영하며 산업계를 비롯한 이해관계자와의 소통을 강화하고 있다. 또한 정부는 2015년 6월, 신(新)기후체제 출범 을 앞두고 우리나라의 온실가스 감축목표를 2030년 BAU 대비 37%로 결정했다.

배출권거래제는 유연성을 보장한다는 특징이 있다. 이는 기업이 최소의 비용으로 온실가스를 감축하기 위한 방법을 전략적으로 선택할 수 있다는 뜻이다. 즉 기업은 온실가스를 줄이기 위해 직접 감축, 배출 권 거래, 외부저감실적 사용, 배출권 차입 등의 여러 가지 방법 가운데 가장 유리한 것을 선택할 수 있다. 외부저감실적 사용은 사업장 외부에 서 온실가스 감축사업을 해 얻은 감축실적을 받아 배출권으로 전환할 수 있는 제도이고, 배출권 차입은 미래에 사용할 배출권을 빌려와 미리 사용하는 제도이다. 또 배출권이 남는 경우에는 다음 연도에 사용할 수 있도록 이월할 수도 있다.

배출권거래제는 기업이 온실가스를 감축하기 위해 녹색기술을 개 발하고 신재생에너지를 사용하도록 유도해 저탄소 녹색경제 시대에 맞 는 신성장동력을 창출한다. 유럽의 경우 배출권거래제를 도입한 뒤 기 업의 연료 효율 개선, 신재생에너지 및 녹색기술 개발 등이 활성화되어 세계 저탄소 녹색시장의 33%를 점유하고 있다. 예를 들어 영국의 드랙 스 파워Drax Power는 발전기를 개조해 연간 100만 톤의 온실가스를 감축했고, 유럽 2위 철강업체인 코러스Corus는 초저탄소 철강ultra low-carbon steel을 개발하는 기술을 혁신하는 데 5900만 유로를 투자했다.

배출권거래제는 다른 나라에서도 시행하고 있다. EU, 스위스, 뉴질랜드 등은 배출권거래제를 전국 단위로 시행하고 있는 데 비해, 미국, 일본, 중국은 일부 지역에서 시행하고 있다. 즉 미국은 캘리포니아와 동부 9개주에서, 일본은 도쿄 등 3개 지역에서, 중국은 베이징 등 7개 지역에서 배출권거래제를 실시하고 있는 것이다. 멕시코, 브라질, 칠레 등은 배출권거래제를 도입하려고 준비하고 있다.

2020년 신(新)기후체제 출범에 합의하다

2℃는 기후변화에서 상징적인 수치이다. 2009년 덴마크 코펜하겐에서 열린 제15차 기후변화협약 당사국총회(COP15)에서 2100년까지 지구 기온의 상승 폭을 산업화 이전 대비 2℃ 이내로 억제하기로 했다. 이를 위해 2013년 폴란드 바르샤바에서 열린 제19차 당사국총회(COP19)에서 당사국들은 2020년 이후의 '국가별 온실가스 감축 기여방안(Intended Nationally Determined Contributions, INDC)'을 자체적으로 결정해 사무국에 제출하기로 했다. 그 제출 기한은 파리 당사국총회(COP21)가 열리기 전까지였다.

187개국이 COP21을 앞두고 2025년 또는 2030년까지 온실가스를 얼마나 줄일 것인지를 표명하는 INDC를 전달했다. 예를 들어 미국은 2025년까지 2005년 대비 온실가스를 26~28% 감축하겠다고 밝혔고, 스위스는 2030년까지 1990년 대비 50%를 줄이겠다고 발표했다. 중국은 2030년까지 2005년 GDP 대비 온실가스 배출량을 60~65% 감축하겠다고 공표했다. 인도네시아는 2030년까지 배출전망치(BAU) 대비 온실가스를 29%(조건부 41%) 줄이겠다고 밝혔으며, 가봉은 2025년까지 BAU 대비 50%를 감축하겠다고 발표했다. 우리나라는 2030년 BAU 대비 온실가스를 37% 감축하겠다는 목표를 제시했다.

이렇게 국가별로 제시한 온실가스 감축안인 INDC는 설정한 기준이 제각각인 점도 정확한 목표를 세우는 데 걸림돌이 되지만, 이보다 더 큰 문제는 이 감축안대로 열심히 온실가스를 감축하려고 노력하더라도 지구 기온의 상승을 2℃ 이내로 제한하겠다는 당초의 목표를 달성할 수 없다는 것이다. 지난 11월 3일 IPCC는 각국이 제출한 INDC의 내용을 분석한 결과 2100년 기온이 산업화 이전과 비교해 2.7℃가량 상승할 것으로 나타났다고 발표했다. 이런 비관적인 예측이 나오면서 11월 30일부터 2주간 프랑스 파리에서 열리는 제21차 기후변화협약 당사국총회(COP21)에 전 세계의 이목이 집중됐다. 195개 협약 당사국이 참여한 가운데, 5년 뒤면 만료되는 교토의정서를 대체할 새로운 합의문을 마련하기 위해 열띤 논의를 벌였다.

195개국 대표들은 예정보다 하루 지난 12월 12일(현지 시각) 총회 본회의에서 2020년 이후 새로운 기후변화 체제를 수립하기 위한 최종 합의문을 채택했다. 31쪽 분량의 '파리 협정' 최종 합의문을 살펴보면, 신(新)기후변화체제의 장기 목표로 당사국들이 지구 평균 기온의 상승폭을 산업화 이전과 비교해 2℃보다 '상당히 낮은 수준으로' 유지하되, 온도 상승을 1.5℃ 이하로 제한하기 위해 노력한다고 명시돼 있다. 이는 지구 온난화로 인해 해수면이 상승하면서 어려움을 겪고 있는 도서 국가들이나 기후변화 취약 국가들이 줄곧 요구해 온 사항이다. 특히 몰디브, 투발루를 비롯한 도서 국가들은 지구 평균 기온이 2℃ 상승하면 섬나라들이 물에 잠겨 없어지기 때문에 상승 폭을 1.5℃ 이하로 해야 한다고 강력히 요구해 왔다.

1997년 채택된 교토의정서는 선진국에게만 온실가스 감축 의무를 강요했지만, '파리 협정'은 선진국뿐만 아니라 개발도상국까지 참여해 책임을 분담하기로 했다. 전 세계가 기후 변화로 인한 재앙을 막는 데 동참하게 된 것이다. COP21에 참여한 당사국들은 합의문에서 21세기 후반에는 인간의 온실가스 배출량이 지구가 이를 흡수하는 능력과 균형을 이루도록 촉구했다. 이는 사실상 온실가스 배출량을 '제로'로 만

2015년 프랑스 파리에서
열린 제21차 당사국총회
(COP21)의 행사장 입구

COP21에서 파리 협정
의 최종 합의문을 채택
한 뒤 기뻐하는 모습

들겠다는 야심찬 목표인데, 이런 목표를 달성하기 위해서는 결국 석탄
과 같은 화석에너지를 신재생에너지로 대체하는 노력이 핵심이 돼야 한
다. 또 지구의 온실가스 총 배출량이 감소 추세로 돌아서는 시점을 최대
한 앞당기고 감소세에 접어들면 그 속도를 높이기로 했다. 개도국은 선
진국보다 이 과정이 오래 걸릴 것이라는 차이는 인정했다.

　파리 협정 합의문에는 온실가스를 좀 더 오랫동안 배출해 온 선진
국이 더 많은 책임을 지고 개도국의 기후변화 대처를 지원한다는 내용
도 포함됐다. 선진국은 2020년부터 개도국의 기후변화 대처 사업에 매
년 최소 1,000억 달러(약 118조 원)을 지원하고 기술 전수, 정보 공유

등에도 협력하기로 했다.

　　협정문에서 제시된 장기목표를 달성하는 것은 쉽지 않은 과제이다. 현재 지구 기온은 이미 산업화 이전보다 1℃가량 상승한 상태라서, 각국이 약속한 온실가스 감축계획을 모두 이행하더라도 1.7℃ 이상 추가로 상승할 것으로 예상되기 때문이다. 이를 의식해서인지 COP21에 참가한 국가들은 장기목표에 접근하기 위해 앞으로 5년마다 점점 강화된 온실가스 감축목표와 이행방안을 내놓기로 했다. 파리 협정의 최종 합의문에는 모든 당사국이 장기 저탄소 개발 전략도 마련해 2020년까지 제출하도록 노력할 것을 요구했다.

우리나라 온실가스 감축안의 이면

　　지난 11월 30일 프랑스 파리에서 열린 COP21의 개막식에는 전 세계 약 150개국 정상들이 참석했다. COP21 최종 합의문이 나오기까지 중국과 미국의 역할이 컸다는 평가를 받고 있는 가운데, 양국의 정상은 개막식 연설에서부터 온실가스를 감축하는 데 있어 전 세계의 노력

교토의정서와 파리 협정 비교

교토의정서	협정 비교	파리 협정
일본 교토 제3차 당사국총회	개최국	프랑스 파리 제21차 유엔기후변화협약당사국총회(COP21)
1997년 12월 채택, 2005년 발효	채택	2015년 12월 12일 채택
주요 선진국 37개국	대상 국가	195개 협약 당사국
2020년까지 기후변화 대응 방식 규정	적용 시기	2020년 이후 '신기후체제'
• 기후변화의 주범인 주요 온실가스 정의 • 온실가스 총배출량을 1990년 수준보다 평균 5.2% 감축 • 온실가스 감축 목표치 차별적 부여(선진국에만 온실가스 감축 의무 부여) 미국, 캐나다, 일본, 러시아 등 선진국의 거부와 불참 등 한계점 드러남	목표 및 주요 내용	• 지구 평균온도의 상승폭을 산업화 이전과 비교해 1.5℃까지 제한하는 데 노력 • 온실가스를 좀 더 오랜 기간 배출해온 선진국이 더 많은 책임을 지고 개도국의 기후변화 대처를 지원 • 선진국은 2020년부터 개도국의 기후변화 대처 사업에 매년 최소 1000억 달러 지원 • 선진국과 개도국 모두 책임을 분담하며 전 세계가 기후 재앙을 막는 데 동참 • 협정은 구속력이 있으며 2023년부터 5년마다 당사국이 탄소 감축 약속을 지키는지 검토
감축 의무 부과되지 않음	우리나라	2030년 배출전망치 대비 37% 감축안 6월 발표

신 기후체제 주요 내용

쟁 점	내용
지구 기온 상승 억제	2℃보다 '상당히 낮은 수준으로' 유지하되, 온도 상승을 1.5℃ 이하로 제한하기 위해 노력한다고 명시
기여 방안의 국제법적 구속력	합의문 외 별도 등록부를 두어 관리, 국제법적 구속력은 없음
선진국–개도국 차이	선진국이 더 많은 책임을 지고 개도국의 기후변화 대처를 지원
감축목표 포함한 기여계획 제출과 이행 점검 주기	5년마다
탄소시장 메커니즘 도입	당사국들이 장기 저탄소 개발 전략 마련

과 함께 자국의 입장을 강조했다. 버락 오바마 미국 대통령은 "COP21이 지구를 구하기 위한 전환점이 돼야 한다"며 "미국은 세계 제1의 경제 대국으로서, 그리고 (중국에 이은) 세계 제2의 온실가스 배출국으로서 기후변화 문제에 대한 역할을 인지하고 있으며 그 책임을 다할 것"이라고 말했다. 시진핑 중국 국가주석은 "기후변화 대응은 인류가 모두 공유하고 있는 임무"라면서도 "각국의 경제적 차이를 인정하고 각국이 자발적으로 서로 다른 지구온난화 해결책을 마련하도록 해야 한다"고 밝혔다.

박근혜 대통령은 개막식 연설에서 우리나라가 2030년까지 배출전망치(BAU) 대비 37%만큼 온실가스를 감축하겠다는 야심찬 목표를 제출했다며 우리나라의 '2030 에너지 신산업 육성전략'을 소개했다. 또 신(新)기후체제에 적극적으로 동참하기 위한 한국 정부의 방안으로 에너지 신산업을 통한 온실가스 감축, 개도국과 새로운 기술 및 비즈니스 모델 공유, 국제탄소시장 구축 논의 참여 등을 제시했다.

하지만 일부에서는 우리나라가 내놓은 온실가스 감축안을 두고 비판의 목소리가 나왔다. 한국의 감축안은 한국과 함께 OECD 국가 중 개도국으로 분류된 멕시코가 2030년까지 BAU 대비 25%(조건부 40%)만큼 온실가스를 감축하겠다고 제시한 것과 비교하면 다소 높은 목표처럼 보인다. 그런데 우리나라 온실가스 감축안의 속내를 들여다보면, 상황은 달라진다. 우리 정부가 줄이겠다는 온실가스의 37% 중에서 25.7%만 자체적인 감축으로 해결하고 나머지 11.3%는 국제탄소시장을 통해 배출권거래로 충당한다는 방침이기 때문이다.

많은 전문가들은 한국이 국제탄소시장에서 전체 온실가스 감축량의 3분의 1 정도를 충당하겠다는 계획에 대해 부정적이다. 현재 국가 차원에서 탄소배출권을 거래할 수 있는 국제탄소시장은 충분히 성숙되지 않았기 때문이다. 예를 들어 유럽연합의 배출권거래제(EU-ETS)는 시작한 지 10년이 지났지만 아직까지 시행착오를 겪고 있을 정도다. 우리나라가 EU-ETS나 시범사업 중인 중국 등과 연계할 수도 있지만, 이제 시작단계라 갈 길이 멀다.

우리나라는 2015년 1월부터 개장된 국내 온실가스 배출권거래 시장을 활성화하기 위해 힘쓰는 한편, 국제탄소시장의 활성화를 위해서도 노력해야 하는 것이다. 다행히 파리 협정은 유엔이 인정한 탄소시장 외에도 당사국 간의 자발적 협력을 통해 다양한 형태의 국제탄소시장 메커니즘을 설립할 수 있도록 했다. 이는 개도국의 배출량 검증 및 가격 산정의 투명성 문제에도 불구하고, 다양한 시장을 통해 거래 활성화가 필요하다는 점을 인정한 결과다.

사실 한국의 기후변화 방지 노력은 매우 미흡하다는 평가를 받고 있다. 최근 국제환경단체 연합체인 기후행동네트워크(CAN)는 세계 탄소 배출량의 대부분을 차지하고 있는 58개국을 대상으로 '2016 기후변화 수행지수'를 담은 보고서를 공개했다. 보고서에 따르면, 배출 수준과 진전 노력에 각각 30점, 기후정책에 20점, 재생에너지와 효율성에 각각 10점을 부여해 국가별로 순위를 매겼는데, 한국은 37.64점을 얻어 57위를 기록했다. 그나마 다행인 것은 한국이 에너지 공급과 관련해 재생에너지의 점유율이 아직 1% 이하에 그치고 있지만 긍정적 기류가 강하게 나타나고 있다고 평가한 부분이다.

이번 파리 협정의 최종 합의문에는 온실가스 감축 계획의 이행을 국제법적으로 구속하는 장치기 마련되지 않았지만, 이행을 게을리하기는 쉽지 않다. 투명한 검증 과정을 거쳐 이행 단계를 국제사회에 공개하기로 해서, 만일 자국의 감축 계획을 이행하지 않는다면 국제사회에 한

약속을 어기는 '불량국가'라는 손가락질을 감수해야만 하기 때문이다.

전 세계적으로 온실가스를 감축하는 길은 바로 소비하는 에너지의 양을 줄이는 것이다. 독일의 경우 온실가스 감축목표의 50%를 일단 소비에서 줄여 달성하고, 그 다음에 재생에너지, 저탄소 기술을 통해 나머지 감축목표를 달성할 계획이라고 한다. 이제 우리 모두가 현재의 에너지 낭비에서 벗어나 에너지 절약을 실천할 때이다. 하나뿐인 지구를 온난화의 수렁에서 건져내기 위해서.

일반상대성이론 100주년

이억주

성균관대학교 물리학과를 졸업하고 동대학원에서 원자핵물리학을 전공해 석사학위를 받았다. 《어린이과학동아》를 창간하여 초대 편집장을 역임했다. 현재 출판 기획과 과학칼럼니스트로 활동하고 있다. 쓴 책으로는 『인류가 원하는 또 하나의 태양 핵융합』 등이 있다. 1999~2001년 한국과학문화재단 우수과학도서 선정위원으로 활동했으며, 2001년 잡지언론상(편집부문)을 수상했다.

상대성이론으로
뒤바뀐 세상

1915년 알베르트 아인슈타인은 일반상대성이론을 발표했다. 특수상대성이론을 발표한 지 꼭 10년 만이었다. 특수상대성이론을 발표한 1905년은 과학사에서 흔히 '기적의 해'라고 부른다. 스위스 베른 특허국 사무소에서 심사관으로 일하던 26세의 아인슈타인이 몇 개월 사이에 5편의 획기적인 논문을 발표한 것이다. 5편의 논문은 다음과 같다.

1. 「빛의 발생과 변화에 관련된 발견에 도움이 되는 견해에 대하여」
2. 「분자 차원의 새로운 결정」
3. 「정지 액체 속에 떠 있는 작은 입자들의 운동에 대하여」
4. 「운동하는 물체의 전기역학에 대하여」

5. 「물체의 관성은 에너지 함량에 의존하는가」

1번은 광전효과를 설명하기 위해 광양자가설을 다룬 논문이고, 3번은 분자의 브라운 운동을 다룬 논문이고, 4번이 그 유명한 특수상대성이론을 다룬 논문이다. 아인슈타인은 1921년 노벨 물리학상을 수상했는데 그것은 상대성이론이 아니라 광전효과 때문에 받은 것이다.

아인슈타인은 특수상대성이론과 일반상대성이론으로 이전까지의 과학관을 송두리째 바꾸었다. 그 내용을 정리해 보면 다음과 같다.

1. 움직이는 물체는 멈춰 있는 물체보다 시간이 더 느리게 간다.
2. 움직이는 물체는 멈춰 있는 물체보다 길이가 줄어든다.
3. 움직이는 물체는 멈춰 있는 물체보다 질량이 늘어난다.
4. 중력은 시공간을 일그러지게 한다.
5. 중력이 강할수록 시간은 느리게 간다.

이 다섯 가지 사실은 아인슈타인 이전까지의 생각과는 다른 것이었다. 이제부터 아인슈타인이 바꾼 세상에 대해 알아보자. 100년 전 아인슈타인과 물리학의 세계에 어떤 일이 있었던 것일까?

갈릴레이의 상대성원리

물리학은 간단하게 말해 물체의 운동을 기술하는 학문이다. 하지만 옛날 사람들에게 물체의 운동을 정확하게 기술하는 것은 쉽지 않은 일이었다. 왜냐하면 눈으로 직접 보는 물체의 운동도 애매한 것이 너무 많기 때문이다. 천동설과 지동설에 대한 오랜 논쟁이 그 애매함의 대표선수였다. 사람들은 매일 아침 동쪽에서 뜨고 서쪽으로 지는 해를 보고 해가 지구 주위를 돈다고 생각했다. 누가 봐도 그건 사실처럼 보인다.

갈릴레오 갈릴레이

갈릴레이가 1638년 출간한 『새로운 두 과학에 관한 논의와 수학적 증명』

그러나 코페르니쿠스(1473~1543)는 해가 아니라 지구가 돈다고 생각했다. 그 당시 사람들로써는 믿기 어려운 이야기였다.

갈릴레이(1564~1642)는 직접 망원경을 만들어 목성의 위성들을 관측하면서 지구가 돈다고 생각했다. 사람들은 갈릴레이에게 질문을 했다.

지구가 태양 주위를 돈다면 높은 탑 위에서 떨어뜨린 물체가 왜 똑바로 떨어지느냐, 지구가 움직인 만큼 위치가 바뀌어야 하지 않느냐 하는 것이었다. 실제로 높은 곳에서 물체를 떨어뜨리면 똑바로 떨어진다. 그래서 갈릴레이의 생각이 틀렸다고 생각했다.

이에 대해 갈릴레이는 일정한 속도로 움직이는 배의 돛대 위에서 물체를 떨어뜨리는 상황을 예로 들어 설명했다. 돛대 위에서 떨어뜨린 물체는 배에 타고 있는 사람에게는 똑바로 떨어지는 것으로 보이지만, 육지에 있는 사람에게는 똑바로 떨어지지 않고 배가 움직인 만큼 앞으로 나아가면서 떨어진다. 그러면서 다음과 같은 결론을 냈다. 움직이는 물체가 일정한 속도로 움직인다면 정지해 있는 경우와 똑같은 물리 법칙이 작용한다. 즉, 정지해 있든 일정한 속도로 운동하든 물체의 운동은 똑같다는 것이다. 모든 운동은 상대적이고, 절대적인 운동은 없다. 관찰하는 기준계에 따라 운동의 상태는 달라진다는 것이다. 또한 등속 운동을 하는 모든 관찰자에게는 같은 물리 법칙이 작용한다. 이것을 '갈릴레이의 상대성원리'라고 한다.

갈릴레이는 1638년에 출간한 『새로운 두 과학에 관한 논의와 수학적 증명』에서 다음과 같이 정리했다.

당신이 어떤 큰 배의 선실에 친구와 함께 있다고 가정해 봅시다. 선실에는 파리와 나비가 날아다니고, 금붕어가 들어 있는 어항도 있고, 병이 하나 매달려 있고 그 밑에 큰 그릇이 있는데, 병에서 물이 한 방울씩 떨어지고 있다고 합시다.

배가 멈춰 있을 때에 주의 깊게 살펴보면, 파리나 나비는 어느 방향이나 비슷한 속도로 날아다니고, 금붕어는 어항 속에서 한가롭게 헤엄칩니다. 병에서 떨어지는 물방울은 정확히 밑에 있는 그릇으로 떨어집니다. 친구한테 물건을 던진다고 할 때, 이쪽 방향으로 던지는 것과 그 반대 방향으로 던지는 것 사이에 차이를 둘 필요는 없습니다.

자, 이제 배가 일정한 속도로 곧바로 움직이고 있다고 해 봅시다. 주의 깊게 살펴본다면, 이 모든 것이 하나도 달라지지 않음을 알게 될 겁니다. 심지어 당신은 지금, 움직이고 있는 배 안에 있는지, 아니면 멈춰 있는 배 안에 있는지도 구별하기 힘들 겁니다.

아인슈타인 이전의 사람들의 생각

갈릴레이가 1642년 세상을 떠나자 그해 크리스마스에 뉴턴 (1642~1727)이 태어났다. 뉴턴은 만유인력의 법칙을 발견하고 우리 주변에서 일어나는 물체의 운동을 세 가지 법칙으로 정리했다. 만유인력의 법칙은 모든 물체는 서로 끌어당기는 힘이 존재한다는 것이다. 그 힘은 두 물체의 질량의 곱에 비례하고 두 물체 사이의 거리의 제곱에 반비례한다는 것이다. 세 가지 운동 법칙은 관성의 법칙, 가속도의 법칙, 작용과 반작용의 법칙이다. 뉴턴은 이런 내용을 담은 『자연철학의 수학

아이작 뉴턴

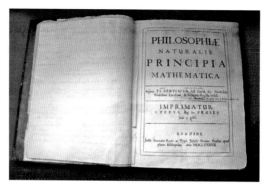
뉴턴이 1687년에 출간한 『프린키피아』 표지

적 원리』를 1687년에 출간했다.

이로써 세상에서는 일어나는 모든 물체의 운동을 설명할 수 있게 되었다. 뉴턴은 운동 법칙을 만들면서 절대 공간과 절대 시간이라는 개념을 도입했다. 움직이는 물체의 운동은 우주에 있는 절대 변하지 공간에서 이루어지며 시간도 어떤 장소에서나 항상 일정하게 흐르는 절대 시간을 기준으로 일어난다는 것이다. 절대 공간은 다른 물체와는 상관없이 절대 변하지 않는 좌표가 있고 물체는 그 안에서 움직인다. 시간도 과거에서 현재를 거쳐 미래로 방향이 정해져 있으며 모든 물체는 절대 시간에 따라 운동한다.

이렇게 뉴턴은 절대 공간과 절대 시간을 기준으로 물체의 운동을 세 가지 운동 법칙으로 정리했다. 이 법칙은 현재에도 어떤 특정 조건에서 유용하게 적용되고 있으며 상대성이론과 양자역학이 확립되는 데 토대가 되었다. 세 가지 운동 법칙을 간단하게 알고 넘어가자.

먼저 뉴턴의 운동 제1법칙은 '관성의 법칙'이다. 관성이란 외부에서 다른 힘이 가해지지 않으면 정지해 있는 물체는 영원히 정지해 있으려고 하고 운동하고 있는 물체는 영원히 같은 속도로 운동하려고 하는 성질을 말한다. 이 말은 물체의 운동 상태를 바꾸려면 외부에서 힘을 작용해야 한다는 것이다.

운동 제2법칙은 '가속도의 법칙'이다. 물체에 작용하는 힘은 그 물체의 질량과 가속도를 곱한 것이다. 물체를 가속 즉, 속도에 변화를 주려면 힘을 더 크게 하거나 질량을 작게 해야 한다는 것이다.

운동 제3법칙은 '작용과 반작용의 법칙'이다. 물체에 힘을 가하면 그 물체도 반대방향으로 같은 크기의 힘이 작용한다. 우리가 땅을 딛고 걸을 수 있는 것도 로켓이 우주 공간을 날 수 있는 것도 작용과 반작용의 법칙이 있기 때문이다.

뉴턴이 정리한 이 운동 법칙은 우리 눈에 보이는 세상의 모든 운동을 완벽하게 설명할 수 있었다. 하지만 눈에 보이지 않은 세계에서 원자와 분자의 운동을 설명하는 데 한계가 있었다. 또 뉴턴역학으로 해결할 수 없는 현상 중 가장 중요한 것이 바로 '빛'에 관한 문제였다.

맥스웰 "빛은 일종의 전자기파다."

과학사에 가장 유명한 논쟁은 빛의 이중성에 대한 논쟁일 것이다. 오랫동안 사람들은 빛이 무엇으로 이루어져 있느냐에 대해 논쟁을 해왔다. 뉴턴은 빛이 입자 즉, 알갱이로 되어 있다고 생각했다. 빛이 물체에 비치면 그림자가 선명하게 생긴다. 빛이 만약 파동이라면 빛이 물체 뒤까지 돌아갈 수 있기 때문에 그림자가 생기지 않거나 생겨도 희미하게 생길 것이다.

크리스티안 하위헌스

뉴턴과 같은 시대를 살았던 네덜란드의 물리학자 하위헌스 (1629~1695)는 「빛에 대한 논문」에서 빛이 파동이라고 주장했다. 빛이 입자라면 서로 부딪쳤을 때 튕겨져 나가야 하는데 빛을 아무리 부딪쳐도 똑바로 나아가기 때문이었다. 당시 사람들은 뉴턴의 권위에 눌려 빛은 입자라고 생각했고, 입자설은 100년이 넘도록 정설로 받아들여졌다. 19세기 초 영국의 토머스 영(1773~1829)은 빛의 간섭 실험을, 비슷한 시기에 프랑스의 오귀스탱 장 프레넬(1788~1827)은 빛의 회절 실험을 통해 빛의 파동성을 증명했다. 이로써 빛의 파동설이 전면에 대두되었다. 여기에 19세기 말 영국의 제임스 클러크 맥스웰(1831~1879)

오귀스탱 장 프레넬

토머스 영

이 빛이 전자기파의 일종이라는 것을 이론과 실험을 통해 밝혀냈다. 이제 빛은 파동설로 굳혀지는 듯했다.

하지만 아인슈타인이 1905년 「빛의 발생과 변화에 관련된 발견에 도움이 되는 견해에 대하여」라는 논문을 통해 광전효과를 설명하면서 광양자설을 도입했다. 광전효과는 금속에 빛을 쪼이면 전자가 튀어나오는 현상인데 이것은 빛이 입자이기 때문에 가능한 것이다. 결국 빛은 이중성을 띠고 있었던 것. 어떤 현상은 빛이 입자여야만 설명되고 또 어떤 현상은 파동이어야만 설명될 수 있었다. 이것을 '빛이 이중성'이라고 한다. 빛에 대한 오랜 논쟁은 이중성을 인정하면서 끝이 난 것이다.

그렇다면 빛은 얼마나 빨리 전달될까? 빛이 유한한 속력을 가지고 있다고 생각한 사람은 갈릴레이였다. 하지만 갈릴레이는 빛의 속도를 알아내려고 수많은 노력을 했지만 제대로 측정할 수 없었다. 최초로 과학적인 방법으로 빛의 속도를 측정한 사람은 덴마크의 천문학자 올레 뢰머(1644~1710)였다. 목성의 위성 이오가 목성의 그림자에 가려지는 시간이 지구와 목성의 거리에 따라 달라진다는 사실을 이용한 것이다. 1676년 뢰머는 빛의 속도를 초속 약 22만 킬로미터로 측정했다.

프랑스의 물리학자 아르망 피조(1819~1896)는 반사경과 톱니바퀴를 이용하여 빛의 속도를 측정했다. 회전하는 톱니바퀴 틈 사이로 빛을 통과시키고 그 빛을 거울로 반사시켜 되돌아오는 데 걸리는 시간을 잰 것이다. 1849년 피조는 이렇게 해서 빛의 속도를 초속 약 31만 킬로미터로 측정했다. 여러 과학자들이 빛의 속도를 측정하기 위해 노력하고 있을 때 맥스웰은 1864년 「전자기장의 동력학적 이론」이라는 논문을 출판했다. 이 논문에 그는 맥스웰 방정식이라고 하는 수식으로 전기와 자기를 통합했다. 물론 그 이전에 전기와 자기에 대해서는 여러 가지 사실들이 밝혀졌다. 자석 사이에 코일을 회전시키면 전류가 생기고, 코일을 감은 쇠막대에 전류를 흐르게 하면 쇠막대가 자석이 된다. 전기와 자기는 한 몸이었던 것이다.

또 맥스웰은 파동이 어떻게 전달되는가를 연구하면서 전자기파가 초속 약 30만 킬로미터로 전달된다는 것을 계산해냈다. 그는 이런 사실을 맥스웰 방정식에 담았으며 빛에 대해 다음과 같이 썼다.

"빛이란 전자기 법칙에 따라 전자기장에서 파동의 모습으로 전달되는 전자기파다. 이 전자기파의 속도는 빛의 속도와 같다."

제임스 클러크 맥스웰

맥스웰 방정식은 뉴턴의 운동법칙, 중력이론과 함께 모든 물리 현상을 완벽하게 설명할 수 있었다. 맥스웰은 이런 업적으로 뉴턴 이후 아인슈타인 이전 가장 위대한 물리학자로 칭송받게 되었다.

하지만 이때까지도 사람들은 빛은 에테르라는 가상의 물질이 매개한다고 생각하고 있었다. 소리가 공기를 통해 전달되듯이 빛이 에테르를 통해 전달된다는 것이다. 빛이 전자기파의 일종이라고 결론을 내린 맥스웰은 에테르 속에서 운동하는 지구의 속도를 구하고자 했다. 지구가 움직이는 수평 방향으로 갔다가 되돌아온 빛과 수직 방향으로 갔다가 되돌아온 빛을 한곳에 모이게 하면 같은 거리를 움직였지만 에테르 속에서 지구가 움직였기 두 빛이 간섭 현상을 일으킬 것으로 예상했다. 맥스웰은 결국 이 실험을 성공하지 못하고 세상을 떠났다. 이 실험을 정확하게 해낸 사람은 미국의 물리학자 마이컬슨과 몰리였다.

마이컬슨

몰리

1887년 마이컬슨과 몰리는 빛의 간섭실험을 통해 두 빛 사이에서 간섭 현상이 일어나지 않았고, 따라서 지구가 에테르 속에서 움직인다는 증거가 없다는 사실을 알아냈다. 빛은 지구가 움직이는 방향과 수직인 방향 모두에서 똑같은 속도로 진행했다. 이 이야기는 빛을 매개하는 에테르는 존재하지 않으며 빛은 어떤 방향이든 속도가 동일하다는 것이다.

마이컬슨과 몰리는 이때 빛의 속도를 정확히 측정한 것은 아니지만 이 공로로 1907년 노벨 물리학상을 수상했다. 그리고 40년이 지난 1926년 마이컬슨은 빛의 속도를 초속 299,796±4킬로미터로 측정했다. 이 값은 현재 빛의 속도의

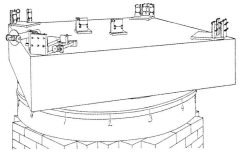

마이컬슨—몰리 간섭실험 장치

측정치인 초속 299,792,458킬로미터와 오차 범위 내에서 같은 값이다.

내가 만약 빛의 속도로 움직인다면?

갈릴레이가 사망한 해에 뉴턴이 태어났는데 맥스웰이 사망한 1879년에는 아인슈타인이 태어났다. 스위스 연방 공과대학을 졸업한 아인슈타인은 1902년부터 특허국 심사관으로 일하게 되었다. 특허를 얻기 위해 출품한 발명품을 심사하는 일은 생각하기 좋아하는 아인슈타인에게 딱 맞는 직업이었다. 일을 하면서 아인슈타인은 물리학 연구를 할 수 있었으며 사고실험을 통해 자신의 이론을 만들기 시작했다. 아인슈타인이 관심을 가진 것은 시간과 공간과 그리고 빛이었다.

'내가 만약 거울을 들고 빛의 속도로 움직인다면 거울 속에 내가 보일까?'

이것이 빛이 대해 생각하면서 가진 아인슈타인이 의문이었다. 두 대의 기차가 같은 방향으로 시속 100킬로미터로 달린다면 기차 안에 있는 사람은 다른 쪽의 기차가 멈춰 있는 것처럼 보인다. 두 대의 기차가 각각 시속 100킬로미터로 서로 반대 방향으로 달린다면 기차 안에 있는 사람은 다른 쪽의 기차가 시속 200킬로미터로 달리는 것처럼 보인다. 이것은 지극히 상식인 현상으로 '속도의 합산 법칙'으로 나타낼 수 있다. 즉, 내가 관측하는 물체의 속도는 자신과 상대의 속도를 더하거나 빼서 나타낼 수 있다. 물체가 빛의 속도로 움직여도 마찬가지여야 한다. 시속 100킬로미터로 달리는 기차를 타고 같은 방향으로 움직이는 빛을 보면 빛은 빛의 속도에서 100킬로미터를 뺀 만큼 보이고, 기차가 반대 방향으로 달린다면 100킬로미터를 더해 주어야 한다. 그렇다면 빛의 속도로 움직이면서 거울을 보면 얼굴에서 나온 빛이 절대 거울에 닿지 않을 것이다. 따라서 거울에 아무것도 비치지 않는다. 그런데 빛의 경우는 어떤 경우든 항상 일정한 속도를 가지고 있다. 속도의 합산 법칙이 성립되지 않는다. 이것이 당시 물리학의 가장 큰 수수께끼였다.

이 수수께끼를 해결한 사람이 아인슈타인이며 그가 제시한 것이 특수상대성이론이다. 1905년 발표한 5개의 논문 중 하나인 「운동하는 물체의 전기역학에 대하여」가 바로 특수상대성이론에 관한 것이었다. 논문 제목을 보면 상대성이란 말은 없고 전기역학이란 말이 나온다. 이것은 특수상대성이론이 맥스웰의 전자기학에서 출발했고, 맥스웰 방정식에서 다루고 있는 빛이 속도가 불변하다는 것을 전제로 하고 있다. 우리가 흔히 말하는 '광속 불변의 원리'다. 빛의 속도가 불변이고 속도의 합산이 성립하지 않는다는 것은 뉴턴역학으로 볼 때 맞지 않는 것이기 때문에 사람들은 맥스웰 방정식이 틀렸다고 생각했다. 하지만 아인슈타인은 광속이 불변이라면 시간과 공간에 대한 그동안의 개념이 잘못된 것이 아닐까 의심하게 되었다.

아인슈타인은 갈릴레이의 상대성원리를 빛의 경우에 적용하면서 시간과 공간에 대한 생각을 정리했다.

자, 지금 광속에 가까운 일정한 속도로 날아가는 우주선이 있다. 이 우주선 중심에 우주선 앞쪽과 뒤쪽으로 빛을 쏠 수 있는 장치가 있고 같은 거리에 빛을 감지할 수 있는 센서가 장치되어 있다. 이 센서에서 빛이 감지되면 신호등이 켜진다. 우주선 안에 있는 관찰자는 우주선과 함께 등속 운동을 하고 있기 때문에 빛이 쏘아지면 앞뒤에 있는 신호등이 동시에 켜지는 것을 볼 수 있다.

그렇다면 이 우주선에 대해 정지해 있는 지구에서 이 상황을 지켜보는 관찰자에게도 신호등이 동시에 켜지는 것으로 보일까? 그렇지 않다. 중심에 나온 빛은 뒤쪽의 센서는 가깝고 앞쪽의 센서는 더 먼 거리를 가게 된다. 그래서 지구에 있는 관찰자는 뒤쪽의 신호등이 먼저 켜지는 것을 볼 수 있다. 어떤 관찰자에게는 동시에 일어나는 일도 다른 관찰자에게는 동시에 일어난 일이 아닌 것이다. 이것을 '동시성의 불일치'라고 한다. 그러나 빛의 속도는 항상 일정하다. 이 이야기는 시간은 절대적인 것이 아니라 상대적으로 다르게 흐른다는 것이다. 위의 경우 두 가지 경우의 차이점은 멈추어 있느냐 움직이느냐다. 즉 멈추어 있는 사람의 시간과 움직이는 사람의 시간이 다르게 흐르고 있다.

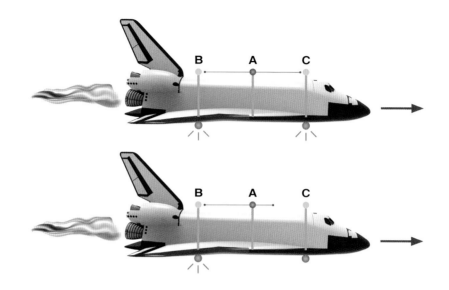

그렇다면 시간이 어떻게 흐르고 있는지 계산해 보자. 이번에는 우주선 안에 빛 시계가 있다고 하자. 빛 시계는 바닥에서 빛을 쏘면 천장에 있는 센서가 감지하게 되어 있다. 바닥에서 쏘아진 빛이 센서에 닿기까지 1초가 걸린다고 하자.

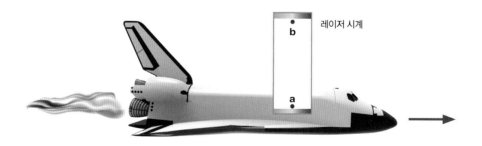

이제 이 우주선이 광속의 $\frac{1}{2}$ 만큼 등속도로 날아간다. 그럼 우주선 밖의 관찰자가 보면 우주선이 앞으로 나아간 만큼 빛이 비스듬하게 진행하는 것을 볼 것이다. 이것은 우주선이 날면서 빛이 이동하는 거리가 늘어난 것이다.

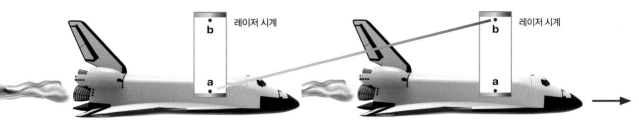

레이저 시계

레이저 시계

　여기서 빛의 움직임을 직각삼각형으로 나타낼 수 있고 변의 길이를 각각 X, Y, Z 그리고 우주선의 속도 V, 빛의 속도 c, 우주선 안의 관찰자가 본 빛의 이동 시간 t, 우주선 밖의 관찰자가 본 빛의 이동 시간 T라고 할 수 있다. 피타고라스의 정리를 이용하면 우주선 밖의 관찰자가 본 빛의 이동 시간을 계산할 수 있다.

　그런데 t는 1초이고, V/c는 이므로 T는 약 1.15초가 나온다. 이것은 움직이는 물체는 시간이 느리게 간다는 것이다. 이것을 '시간 지연'이라고 한다. 만약 이 우주선이 광속의 0.8배의 등속도로 날아간다면 우주선 안의 1초가 우주선 밖에서는 약 1.67초로 느려진다. 그렇다면 우주선이 빛의 속도로 날아간다면? 분모가 0이 되어 시간은 무한대가 된다. 이런 일은 결코 있을 수 없다. 따라서 모든 물체는 빛보다 빨리 이동할 수 없다는 결론이 나온다.

　결국 아인슈타인은 빛의 속도로 움직이면서 거울을 보면 얼굴이 보일까라는 의문에 '보인다'라고 결론을 내렸다. 빛은 언제 어디서나 움직이는 물체든 정지해 있는 물체든 항상 같은 속도로 이동하기 때문이다. 시간이 절대적이지 않다면 공간은 어떨까? 속도는 이동한 거리를 시간으로 나눈 것이다. 빛의 속도는 절대적으로 동일하다. 하지만 시간은 관찰자에 따라 다르다. 상대적이다. 그렇다면 공간도 마찬가지로 상대적이다. 멈춰 있는 관찰자에게 움직이는 물체의 길이는 줄어들어 보인다. 물체의 길이도 관찰자에 따라 다르게 보이는 것이다. 빛이 속도에 가까이 움직일수록 시간이 느려지는 것처럼 길이도 줄어든다. 길이와 시간은 반비례 관계이므로 시간 지연을 유도한 식에서 길이는 다음

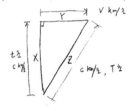

★ 움직이는 물체의 시간은 얼마나 느려질까? 피타고라스 정리를 이용해서 알아보자.

$$\frac{X}{Z} = \frac{t}{T}$$

$$\frac{Y}{Z} = \frac{V}{c}$$

$$X^2 + Y^2 = Z^2$$

$$\left(\frac{X}{Z}\right)^2 + \left(\frac{Y}{Z}\right)^2 = 1$$

$$\left(\frac{t}{T}\right)^2 + \left(\frac{V}{c}\right)^2 = 1$$

$$\left(\frac{t}{T}\right)^2 = 1 - \left(\frac{V}{c}\right)^2$$

$$\frac{t}{T} = \sqrt{1 - \left(\frac{V}{c}\right)^2}$$

$$\therefore T = \frac{t}{\sqrt{1 - \frac{V^2}{c^2}}}$$

과 같다. 여기서 L은 멈춰 있는 관찰자가 측정한 길이이고 l은 등속도로 움직이는 물체의 원래 길이다. 만약 길이 100미터의 우주선이 광속의 $\frac{1}{2}$ 로 날고 있다면 지구에 있는 관찰자에게는 약 87미터로 줄어든 것 처럼 보이게 된다. 우주선이 속도가 광속의 80%라면 약 60미터로 줄어 들어 보이고 광속으로 난다면 길이는 없는 것으로 보인다. 이것을 '길이 축소'라고 한다.

$$L = l \sqrt{1 - \frac{v^2}{c^2}}$$

빛의 속도는 항상 동일하며 같은 속도로 움직이는 물체는 시간이 느려지고 길이가 줄어들어 보이는 것이 특수상대성이론의 핵심이다. 시간과 공간은 절대적인 것이 아니며 상대적으로 고려해야 하며 시간과 공간을 합쳐 '시공간' 4차원으로 기술해야 하는 것이 아인슈타인이 생각한 세계였다.

광속과 가까운 속도로 날고 있는 우주선을 조금 더 가속하면 빛의 속도가 되거나 빛의 속도를 넘어서지 않을까? 하지만 특수상대성이론은 빛의 속도가 언제나 일정하다는 전제하에 성립되는 것이고 물체의 속도가 빨라지면 시간, 길이가 달라지는 것처럼 질량도 커진다. 질량이 증가하는 것도 시간 지연 공식과 같이 다음과 나타낼 수 있다. 여기서 M은 멈춰 있는 관찰자가 측정한 질량이고 m은 등속도로 움직이는 물체의 원래 질량이다.

$$M = \frac{m}{\sqrt{1 - \frac{v^2}{c^2}}}$$

따라서 빛의 속도에 가까울수록 분모가 작아지므로 움직이는 물체의 질량은 커진다. 빛의 속도로 움직인다면 분모가 0이 되고 M은 무한대가 된다. 그렇다면 어떻게 빛의 속도로 움직일 수 있는 걸까? 그것은 빛의 질량이 0이기 때문이다. 빛의 질량이 0이기 때문에 아무리 빨리 움직여도 질량에 변함이 없는 것이다. 그래서 빛의 속도로 움직일 수 있다.

이제 우리는 우주선을 아무리 가속해도 빛의 속도를 넘어설 수 없다는 것을 알게 되었다. 우주선을 가속하여 속도를 높일수록 질량이 커진다. 이것은 우주선을 가속하는 데 드는 에너지가 질량으로 바뀐다는 것이다. 여기서 아래와 같은 아인슈타인의 유명한 공식이 등장한다.

$$E=mc^2$$

이 공식의 의미는 에너지가 질량으로 바뀔 수 있다는 것을 나타낸다. 즉, 에너지와 질량이 똑같다는 것이다. 이것을 '질량-에너지 등가원리'라고 한다. 여기서 c가 빛의 속도이기 때문에 작은 에너지도 엄청난 에너지를 낼 수 있음을 나타낸다. 우라늄과 같은 원자핵이 가벼운 원자로 분열하면서 줄어든 질량이 막대한 에너지로 변하는데 이것이 원자폭탄의 원리다. 물론 핵분열이 서서히 일어나게 조절하면 원자력 발전이 되는 것이다.

이 공식은 사실 어려운 것이 아니다. 서두에서 물리학은 물체의 운동을 다루는 학문이라고 했다. 운동을 이야기할 때 가장 중요한 공식이 뉴턴의 운동 제2법칙으로 다음과 같다.

$$F=ma$$

F는 물체에 작용하는 힘이고, m은 물체의 질량, a는 가속도다. 즉, 물체에 작용하는 힘은 질량과 가속도의 곱으로 나타낼 수 있다. 또 에너지는 일을 할 수 있는 물리적인 능력이고 힘과 거리의 곱으로 나타낸다. 간단하게 식을 정리해 보면 오른쪽과 같다.

물론 이것은 힘의 공식에서 간단하게 에너지 공식을 유도할 수 있다는 것을 보여주는 것이다. 아인슈타인도 이렇게 질량-에너지 등가원

$$F = ma$$
$$E = Fs = mas$$
$$a = \frac{v}{t}, \quad v = \frac{s}{t}$$
$$a = \frac{s}{t^2}$$
$$E = m\frac{s^2}{t^2} = mv^2$$

v가 빛의 속도라면

$$E = mc^2$$

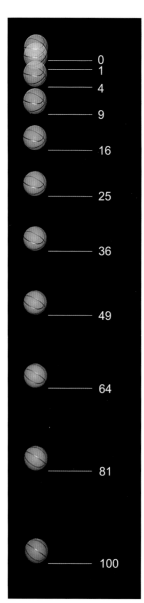

자유낙하운동

리를 유도한 것은 아니다. 다만 E=mc²이 엄청 어렵거나 새로운 것이 아니라는 것을 보여주기 위한 것이다.

특수상대성이론은 빛의 속도가 변하지 않는다는 것과 움직이는 물체는 시간이 느려지고 길이가 줄어들며 질량이 증가한다는 보여준다. 또 질량과 에너지는 결국 같다는 것이 핵심이다. 그렇다면 왜 '특수'인가? 그것은 움직이는 물체가 등속도로 움직이는 특수한 상황에서만 적용되기 때문이다. 현실적으로 운동하는 물체는 등속운동보다는 가속운동이 많다. 가속운동을 하는 경우에도 적용할 수 있는 것이 바로 일반상대성이론이다.

가속도와 중력은 같다

아인슈타인은 특수상대성이론을 발표하여 그동안이 시간과 공간에 대한 개념, 질량과 에너지의 관계를 밝힌 후 10년이 지난 1915년 일반상대성이론을 발표했다. 갈릴레이의 상대성원리도 등속 직선 운동일 때만 성립하고 가속운동 즉, 속도가 변하거나 방향이 바뀌는 운동에서는 적용되지 않는다. 등속 상황과 가속 상황은 어떻게 다른 것일까?

등속 직선 운동하는 배의 돛대 위에서 물체를 떨어드릴 경우 배에 탄 사람은 물체가 똑바로 떨어지는 것을 볼 수 있다. 그런데 물체를 떨어뜨리는 순간 배의 속력을 높이거나 방향을 바꾼다면 물체는 똑바로 떨어지지 않는다. 일반적인 경우 배의 속력은 변하고 방향이 바뀐다. 따라서 특수상대성이론이 적용되지 않는다.

그렇다면 가속이란 무엇일까? 위대한 물리학자 뉴턴은 만유인력을 법칙을 발견했다. 모든 물체는 서로 끌어당기는 힘이 작용한다. 사과가 땅에 떨어지는 것도 지구와 사과가 서로 끌어당기는 힘이 있기 때문인데 지구의 질량이 사과에 비해 훨씬 커서 사과가 지구 쪽으로 끌려오는 것이다. 사과뿐만 아니라 지구상의 모든 물체는 지구 중심으로 끌리는 중력을 받고 있다. 높은 곳에서 물체를 떨어뜨리면 지구 중심을 향해 점점 더 빠른 속도로 떨어진다. 즉, 가속운동이 일어난다. 이것을 자유낙하운동이라고 한다. 자유낙하운동을 일으키는 힘은 중력이다. 중력 때문에 가속운동이 일어난 것이다. 아인슈타인은 중력과 가속도는 같다고 생각했다. 이것이 바로 일반상대성이론의 핵심이다.

지상에서 우주선을 발사한다고 생각하자. 발사될 때는 우주비행사의 발은 중력에 의해 바닥에 닿아 있다. 그러다가 우주 공간으로 나간 다음 무중력상태가 되면 우주비행사의 발은 바닥에 닿지 않는다. 심지어 어디가 바닥이고 어디가 천장인지도 구별할 수 없다. 다시 우주선을 가속시키면 우주비행사의 발이 바닥에 닿게 된다. 가속이 중력과 똑같은 효과를 만든 것이다. 결국 중력과 가속도는 같다고 할 수 있다. 이것을 '가속도와 중력의 등가원리'라고 한다.

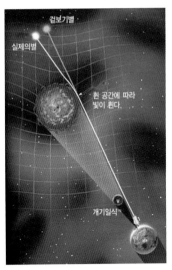

태양의 중력에 휘는 별빛

그렇다면 중력은 공간과 시간에 어떤 영향을 미칠까? 아인슈타인은 중력이 물체를 끌어당기는 것이 공간이 휘어져 있기 때문이라고 생각했다. 얇고 평평한 고무막에 무거운 쇠구슬을 놓으면 쇠구슬의 무게에 눌려 고무막의 표면이 휘어진다. 이 고무막 가장자리에 여기에 작은 쇠구슬을 놓으면 큰 쇠구슬 쪽으로 굴러갈 것이다. 중력이 작용한다는 것이 이런 모습이라고 아인슈타인은 생각했다. 쇠구슬이 서로 끌어당기는 것은 중력 때문에 공간이 휘어졌기 때문이다. 즉, 중력은 공간을 일그러지게 한다. 공간이 일그러진다면 시간은 어떨까? 중력 때문에 공간이 일그러지면 빛이 지나가는 길도 일그러지고 그렇게 되면 시간이 느려진다. 이것은 중력이 빛도 휘게 한다는 것이다. 실제로 이런 생각은 1919년 영국의 천문학자 아서 에딩턴(1882~1944)이 개기일식 때 태양 뒤쪽에 있는 별에서 오는 빛이 태양의 중력으로 시공간이 휘어진다는 사실을 관측함으로써 일반상대성이론이 맞는다는 것이 증명되었다.

중력이 큰 곳이라면 시공간이 더 크게 일그러지고 빛도 더 크게 휘어질 것이다. 블랙홀이 있는 곳이라면 중력이 너무나 커서 빛조차 빠져나오지 못할 것이며 시간도 멈춰 있는 것처럼 보일 것이다.

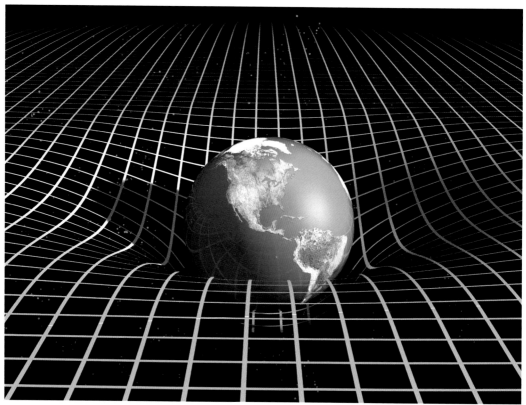

중력이 크면 그만큼 시공간도
더 크게 일그러진다.

중력파 관측, 아인슈타인의 예측은 빗나가고…

일반상대성이론의 핵심은 중력이 시공간을 일그러지게 한다는 것
이다. 아인슈타인은 시공간이 일그러지는 것은 연못에 돌을 던졌을 때
물결이 일듯이 질량을 가진 물체가 시공간에 있게 되면 시공간이 출렁
인다고 생각했다. 이것을 중력파라고 한다. 하지만 아인슈타인은 중력
파의 효과가 너무나 작아 실제로 관측되는 일은 결코 없을 것이라고 예
측했다. 또한 중력이 엄청 큰 블랙홀도 이론상으로나 존재할 것으로 생
각했다. 슈바르츠실트가 빛조차 빠져 나올 수 없는 천체의 반지름(슈바
르츠실트 반지름)을 계산하고, 오펜하이머가 별의 일생을 연구하면서
중력 붕괴를 일으키면 빛도 빠져 나올 수 없는 천체가 된다는 것을 증
명했어도 아인슈타인은 이런 천체를 믿지 않았다. 이런 천체는 1967년

미국의 물리학자 존 아치볼드 휠러에 의해 '블랙홀'이라고 이름이 붙여졌다. 그런데 2016년 2월 11일, 미국의 레이저 간섭계 중력파 관측소(LIGO, 라이고)에서 중력파를 검출하는 데 성공했다고 발표했다. 2015년 9월 14일 관측소에서 감지한 신호가 아인슈타인이 관측할 수 없을 것이라고 예측한 중력파임이 판명된 것이다. 1974년 미국의 물리학자 러셀 앨런 헐스와 조셉 후턴 테일러 주니어가 중성자별 쌍성을 관측하여 중력파가 존재한다는 간접적인 증거를 보여 1993년 노벨 물리학상을 수상했다.

그로부터 세계적인 과학자들이 40년이 넘게 노력한 결과 마침내 중력파를 관측함으로써 우주에 대한 이해를 넓히고 우주 탄생의 비밀에 한 발 더 다가갈 수 있게 되었다. 이로써 100년 전 아인슈타인의 두 가지 예측은 빗나가고 일반상대성이론의 위상은 더욱 확고해졌다.

일반상대성이론은 특수상대성이론에서 밝힌 것처럼 특수한 상황이 아니라 일반적인 우주의 모습을 설명하고 있다. 물체가 있으면 중력이 있고 중력은 시공간을 일그러지게 한다. 일그러진 시공간을 지나는 빛은 휘어지고 시간은 느려진다. 상대성이론은 시간과 공간의 관계, 질량과 에너지의 관계, 중력과 가속도의 관계, 그리고 빛의 수수께끼를 푼 인류 최대의 성과라고 할 수 있다. 탄생한 지 100년이 지난 지금, 상대성이론은 양자역학과 함께 물리학의 한 축의 역할만 하는 것이 아니다. 철학, 문화, 정치, 경제, 기술 등 여러 분야에서 생각의 틀을 바꾸고 있다.

2015
노벨 과학상

이재웅

KAIST 생명과학과를 졸업한 뒤 서울대학교
대학원 과학사 및 과학철학 협동과정에서
석사학위(과학자윤리)를 받았다. 2007년
'동아사이언스'에 입사해 주로 일간지 《동아일보》에
과학기사를 쓰고 있다. 과학기술과 정책뿐 아니라
과학자에 대한 애정과 관심이 깊다.

누가 어떤 연구로 노벨 과학상을 받았을까?

한 해를 마무리하는 12월이 되면 사람들은 올해의 주요 사건과 인물을 돌아보곤 한다. 과학계에도 12월이 오면 오랜 전통처럼 주목하는 곳이 있다. 바로 노벨상 시상식이 열리는 스웨덴 스톡홀름이다. 시상식은 노벨상 창시자인 알프레드 노벨을 기념하기 위해 그의 사망일인 12월 10일에 열린다. 시상식을 전후한 1주일 동안 '노벨 주간(노벨 위크)'도 함께 열려 그야말로 과학계의 축제이자 누구나 과학을 쉽고 즐겁게 즐길 수 있는 자리로 마련됐다.

하지만 아이러니하게도 대다수의 관심은 노벨상 시상식보다 10월에 발표되는 노벨상 수상자 소식에 더 쏠린다. 노벨상 수상자는 대개 10월 둘째 주 화요일 생리의학상을 시작으로 물리학상, 화학상, 문학상, 평화상, 경제학상 순으로 하루에 하나씩 발표된다. 흔히 노벨 과학상으로 불리는 생리의학상, 물리학상, 화학상 수상자가 먼저 발표되는 식이다.

　노벨상을 받는 '사람'에게 주목하는 경향은 어찌할 수 없다. 특히 2015년에는 일본이 노벨상 수상자를 2명 배출하고, 중국에서 노벨 과학상을 처음 수상하면서 수상자의 국적도 큰 이슈가 됐다. 여기서 놓치지 말아야 할 것은 노벨상이 노벨의 유언에 따라 '인류의 복지에 공헌한 사람(단체)'에게 수여된다는 점이다. 2015년 노벨 과학상이 누구에게 주어졌는지 뿐만 아니라 수상자가 인류의 복지에 '어떻게 공헌했는지'를 염두에 두고 살펴보자.

[노벨 생리의학상] 흙, 식물에서 기생충 해법 찾다

노벨 생리의학상 메달의 뒷면

　기생충 때문에 발생하는 질병은 오래전부터 인류를 괴롭혀 왔다. 특히 저개발국가에서는 기생충에 의한 감염병이 심각한 사회 문제로 인식될 만큼 국민 건강과 보건을 위해 반드시 극복해야 할 장애물로 여겨졌다. 2015년 노벨 생리의학상은 기생충 퇴치 약물을 개발해 저개발국가의 보건 문제에 공헌한 연구자들에게 돌아갔다.

　아일랜드 출신의 윌리엄 C. 캠벨(1930년생) 미국 드류대 명예교수와 일본의 오무라 사토시(1935년생) 기타사토대 명예교수는 회선사상충증과 림프사상충증 등 기생충 감염 질환에 효과적인 성분인 '아버멕틴(Avermectin)'을 개발한 공로로 수상의 영광을 안았다. 중국의 투유유(1930년생·여) 중국중의과학원 종신교수는 말라리아 환자의 사망률을 획기적으로 줄이는 데 효과적인 약물인 '아르테미시닌(Artemisinin)'을 분리해낸 공로를 인정받았다. 투 교수는 중국 국적으로는 노벨 과학상의 영예를 안은 첫 수상자이자 12번째 여성 수상자가 됐다.

　노벨 생리의학상 수상자를 선정하는 스웨덴 카롤린스카 의대 노벨위원회는 "올해 수상자는 해마다 수억 명의 사람들을 고통에 빠트리는 기생충 관련 질병에 맞설 강력한 약을 인류에게 제공해 세계 보건에

투유유 중국중의과학원 종신교수,
오무라 사토시 일본 기타사토대
명예교수, 윌리엄 캠벨 미국
드루대 명예교수
(왼쪽부터) – 노벨위원회 제공

지대한 공헌을 했다"고 설명했다. 실제로 수상자들의 노력으로 개발된
두 약물은 해마다 관련 질병으로 고통받고 있는 사람들의 아픔을 덜어
주는 데 도움이 되고 있다. 또 두 약물은 화학적으로 합성한 것이 아니
라 자연에서 추출한 천연 물질이라는 점에서도 주목을 받고 있다.

● 골프장 흙 속에 기생충 해답 있었다

기생충은 세계 인구의 $\frac{1}{3}$ 을 괴롭히는 것으로 알려져 있다. 특히
사하라 사막 이남의 아프리카와 남아메리카 지역에 관련 질병들이 집중
돼 있다.

회선사상충증은 하천 주변에 사는 흑파리에서 회선사상충이 옮아
발생한다. 성체 회선사상충이 사람에게 들어오면 하루에 1000마리가
넘는 유충을 만든다. 유충은 눈의 각막에 만성적인 염증을 일으키는데
반복적으로 감염될 경우 시력을 잃을 수도 있다.

림프사상충증은 세계보건기구(WHO)가 '육체적 장애를 일으키는
가장 흔한 원인'으로 지목한 질병이다. 림프는 혈관에서 나와 조직의 세
포를 적시고 심장으로 되돌아가는 물질인데, 실처럼 생긴 림프사상충이
림프관을 막으면 림프가 조직에 그대로 남아 팔과 다리, 고환 등을 붓게
만들어 결국 장애로 이어진다.

미생물학자인 오무라 교수는 토양 미생물에서 유용한 천연 물질
을 분리하는 연구를 진행하고 있었다. 1970년대 그는 '스트렙토미세스'
속(屬)의 박테리아에 관심이 많았다. 스트렙토마이신이라는 항생제도
이 속의 박테리아가 만드는데, 이 항생제를 개발한 미국의 세균학자 셀

아버멕틴
오무라 교수는 토양 미생물인 스트렙토미세스속(屬)의 박테리아에서 사람과 동물에 적용할 수 있는 기생충 퇴치 약물 성분을 발견했다. 골프장 근처 토양에서 미생물을 추출하고 이를 실험실 수준에서 배양하는 데 성공한 것이다. 여기서 나온 다양한 배양물의 특성을 정리해 향후 항생제 후보물질로 사용할 수 있는 배양물 50개를 추렸다. 그중 '스트렙토미세스 아베르미틸리스' 성분이 '아버멕틴'의 주 성분이다. – 노벨위원회 제공

스트렙토미세스 아베르미틸리스

면 왁스먼은 1952년 노벨 생리의학상을 수상했다.

오무라 교수는 일본 곳곳의 토양을 수거해 그 속에서 스트렙토미세스 속의 박테리아를 추출한 뒤 실험실에서 배양하고, 이 중 항생제 후보물질로 사용할 수 있는 배양물 50개를 뽑아 연구를 진행했다. 그중에는 1974년 시즈오카 현의 골프장 근처 토양에서 추출한 박테리아 '스트렙토미세스 아베르미틸리스'도 포함돼 있었다. 여기서 나온 성분이 아버멕틴의 주성분이 됐다.

오무라 교수는 미국의 제약회사 '머크'와 공동연구를 진행하고 있었기에 배양물들을 미국으로 보냈다. 당시 머크의 책임 연구원이었던 캠벨 교수는 일본에서 온 스트렙토미세스 배양물 중에서 쥐의 기생충을 제거하는 데 효과적인 물질 아버멕틴을 골라냈다. 캠벨 교수는 이것을 정제해 효과가 뛰어난 '이버멕틴(Ivermectin)'이라는 약물로 개발했다. 이버멕틴은 처음에 양이나 돼지 같은 가축이나 애완동물의 기생충 치료제로 쓰였다.

이후 캠벨 교수는 이버멕틴이 회선사상충에도 효과적이라는 사실을 확인했다. 회선사상충증 환자에게 임상시험한 결과, 기생충의 유충까지 완전히 박멸한 것이다. 서아프리카 주민을 대상으로 진행한 시험에서도 대성공을 거뒀다.

머크는 1987년 프랑스 식약청의 시판 승인을 하루 앞두고 약을 필

아버멕틴

이버멕틴

캠벨 교수는 오무라 교수팀에게 전달받은 스트렙토미세스 배양물 중에서 기생충을 제거하는 데 가장 효과적인 성분인 '아버멕틴'을 골라냈다. 이것을 정제해 효과가 더 뛰어난 약물 '이버멕틴'으로 개발했다. 현재 이버멕틴은 회선사상충증, 림프사상충증 등 기생충 질환에서 인류와 동물의 건강을 책임지고 있다. – 노벨위원회 제공

요로 하는 모든 사람에게 이버멕틴을 무료로 나눠주겠다고 발표했다. 덕분에 저개발국가의 수천만 명이 혜택을 입게 됐다. 그 결과 WHO는 림프사상충은 2020년에, 회선사상충은 2025년에 완전히 박멸할 것으로 예상하고 있다.

● 개똥쑥, 수백만 명의 목숨 구하다

말라리아는 인류를 끊임없이 괴롭혀 온 질병이다. 지금도 열대 지역이나 중남미를 방문하려면 말라리아 예방약을 복용해야 할 정도다. 말라리아는 말라리아 원충에 감염된 모기가 전파한다. 이 모기의 침을 타고 사람의 몸속에 들어온 말라리아 원충은 간에서 증식하면서 적혈구에 침투해 고열을 일으킨다. 심각한 경우에는 뇌에 손상을 입혀 목숨을 잃기도 한다.

과거에는 키나나무 껍질에서 얻은 '퀴닌'이 말라리아 치료에 효과를 나타냈다. 퀴닌의 양이 부족해지자 미국은 새로운 말라리아 치료제 '클로로퀸' 합성에 성공했다. 하지만 1960년대에 클로로퀸에 내성을 지닌 말라리아 원충이 나타나면서 말라리아 피해는 점점 커져만 갔다.

중국도 말라리아에서 자유로울 수 없었다. 특히 베트남 전쟁에 뛰어들면서 말라리아는 반드시 극복해야 할 과제가 됐다. 결국 1967년 5

월 23일 투 교수를 포함한 중국 과학자와 의사 500여 명이 모인 '프로젝트523'이 시작됐다. 투 교수는 중국의 전통의학문헌에서 힌트를 찾으려 했다. 열병을 다스리는 데 효과가 있다고 기록된 약재를 후보물질로 삼으려 했던 것이다. 투 교수는 베이징대 의대를 다니던 시절부터 식물 등 천연약물에 대한 연구에 관심이 깊었다. 1955년 중의과학원에 들어간 뒤에도 이 분야의 연구에만 몰두했으니 일견 당연한 수순으로 보인다.

그럼에도 생각처럼 결과가 쉽게 나오진 않았다. 190개에 달하는 약재를 골라 말라리아에 걸린 동물에게 적용했지만 실패만을 거듭했다. 고생 끝에 낙이 온다고, 마침내 1971년 국화과 식물인 개똥쑥(칭하오) 추출물이 말라리아에 효과가 있다는 사실을 확인했다. 하지만 개똥쑥 추출물의 효과가 일정하지 않다는 문제가 남아 있었다. 투 교수는 또다시 전통의학 문헌을 뒤져 개똥쑥에서 추출물을 얻을 때는 다른 약재처럼 오랜 시간 달이기보다 찬물에 우려내야 한다는 기록을 발견하고 그대로 적용했다. 이러한 방식으로 개똥쑥 추출물에서 유효성분을 분리한 물질이 바로 아르테미시닌이다. 아르테미시닌을 말라리아 원충에 감염된 동물에게 투여하자 48시간 만에 원충이 완전히 죽었으며 해열 효과도 뛰어난 것으로 나타났다. 투 교수는 1985년 아르테미시닌의 효과를 발표하고 임상시험을 통해 사람에서도 말라리아 원충을 박멸할 수 있다는 사실을 확인했다.

현재 WHO는 말라리아 원충이 아르테미시닌에도 내성이 생기지 않도록 주의를 기울이고 있다. 아르테미시닌을 기반으로 하되 다른 말라리아 치료제를 함께 사용하는 병용요법을 말라리아 표준 치료법으로 권고한 것이다. 병용요법을 쓰면 아르테미시닌에 내성이 있는 말라리아 원충이 나타나더라도 다른 치료제가 말라리아 원충을 처리할 수 있다.

표준 치료법을 적용한 이후 말라리아 환자는 크게 줄었다. 특히 이버멕틴과 아르테미시닌을 치료에 함께 사용한 결과, 말라리아 환자의 사망률은 약 20%, 어린아이의 사망률은 약 30% 감소했다. 아프리카에서만 1년에 10만 명이 넘는 사람의 목숨을 구한 셈이다.

개똥쑥

아르테미시닌

개똥쑥
투 교수는 전통의학 문헌 속에서
열병을 다스리는 데 효과가 있다고
알려진 개똥쑥(칭하오)을 발견하고
말라리아 치료제로 개발했다.
개똥쑥에 흥미를 갖게 된 투 교수는
정제 과정을 거쳐 아르테미시닌이라는
인체에 작용하는 약물을 만들어냈다.
아르테미시닌은 효과적인 말라리아
치료제로 사용되고 있다.
– 노벨위원회 제공

서민 단국대 의대 기생충학교실 교수는 "2015년 노벨 생리의학상 수상자는 모두 말라리아나 회선사상충증처럼 제약회사에서 관심을 두지 않는 제3세계의 기생충 질환을 극복하는 데 이바지한 인물"이라며 "제약회사가 개발하기를 꺼리는 분야에 뛰어든 이분들의 공로로 인류가 얻은 혜택은 헤아릴 수 없을 정도로 대단하다"고 말했다.

윌리엄 캠벨(William C. Campbel)

윌리엄 캠벨은 1930년 아일랜드 라멘튼에서 태어났다. 아일랜드의 트리니티대에서 1952년 학사를 마친 후 미국 위스콘신대에서 1957년 박사학위를 받았다. 이후 1990년까지 미국의 제약회사인 머크에서 연구원으로 종사했다. 캠벨은 현재 미국 드류대 명예교수로 재직 중이다.

오무라 사토시(大村智)

오무라 사토시는 1935년 일본 야마나시 현에서 태어났다. 1958년 야마나시대 자연과학과를 졸업하고 야간고교사를 지내다가 어려운 여건에도 공부하는 학생들에게 자극을 받고 연구자의 길로 들어섰다. 1968년 일본 도쿄대에서 약학으로 박사학위를 받은 그는 1970년 일본 도쿄공대에서 화학 박사학위를 받았다. 1965년부터 2007년까지 일본 기타사토대에서 교수로 재직한 뒤, 현재는 동 대학에서 명예교수로 남아 있다.

투유유(屠呦呦)

투유유는 1930년 중국에서 태어났다. 1955년 중국 베이징대 의대 약학과를 졸업한 그녀는 1965년부터 중국중의과학원 교수를 역임했다. 2000년 이후에는 동 기관의 종신교수로 근무 중이다.

[노벨 물리학상] '유령입자' 중성미자의 변신은 무죄

우주를 가득 채우고 있지만 눈에는 보이지 않는 입자가 있다. 우주를 이루는 기본 입자 중 하나인 중성미자(뉴트리노)가 대표적이다. 2015년 노벨 물리학상은 중성미자가 질량을 가지고 있다는 사실을 밝혀낸 과학자 2명에게 돌아갔다.

가지타 다카아키(1959년생) 일본 도쿄대 교수와 아서 맥도널드(1943년생) 캐나다 퀸스대 교수는 세 종류의 중성미자(타우, 뮤온, 전자)가 서로 자유롭게 상태를 바꾸며 '변신'을 한다는 사실을 처음 확인한 공로로 노벨상을 수상했다. 중성미자와 관련된 업적으로 노벨상을 수여한 것은 벌써 네 번째다.

중성미자는 다른 물질과 거의 반응하지 않고 통과해 버려 '유령입자'라는 별명이 붙었다. 중성미자는 종류와 질량 등 관측되지 않은 성질이 많아서 새로운 성질이 하나씩 밝혀질 때마다 노벨상이 수여됐다.

스웨덴 노벨상위원회는 "이번 수상자들은 세 종류의 중성미자가 서로 상태를 바꾸는 '중성미자 진동변환' 현상을 발견해 중성미자가 질량을 갖고 있다는 사실을 규명했다"며 "이를 통해 물질의 가장 깊숙한 곳에서 일어나는 일에 대한 이해 방식과 우주를 바라보는 근본적인 관점을 바꿨다"고 평가했다.

●유령입자가 보이기 시작했다

중성미자는 우주 복사와 지구를 둘러싼 대기 사이의 반응에 의해 만들어진다. 태양 내부에서 핵이 분열하거나 융합할 때도 생성된다. 빛 다음으로 우주에 많이 존재하는 입자여서 매초마다 우리 몸속으로 수조 개의 중성미자가 통과하고 있다. 우리는 전혀 느낄 수 없지만 중성미자가 존재하기 때문에 태양이 오래도록 빛날 수 있고 초신성과 같은 별이 폭발하는 데도 크게 기여한다. 질량이 너무 작아 아직 직접 측정해 보진 못했지만 2015년 노벨 물리학상 수상자의 업적 덕분에 중성미자에 질량이 존재한다는 사실과 함께 중성미자 간의 질량 차이도 측정할 수 있게 됐다.

중성미자의 개념은 오스트리아 태생의 미국 물리학자 볼프강 파울리가 처음 제안했다. 그는 원자핵이 붕괴할 때 에너지와 운동량이 보존되지 않는다는 사실을 설명하기 위해 1930년 중성미자 가설을 발표했다. 하지만 빛의 속도에 가깝게 움직이면서도 전하를 띠지 않아 다른 물질과 도통 반응하지 않으니 관측이 불가능한 것으로 여겨졌다.

중성미자의 존재가 밝혀진 건 1956년의 일이다. 미국 물리학자 프레데릭 라이네스가 이끈 연구팀은 원자력발전소 근처에서 중성미자를 발견하는 데 처음 성공했다. 라이네스는 이 공로로 1995년 노벨 물리학

**가지타
다카아키(梶田隆章)**

가지타 다카아키는 1959년
일본 사이마타 현에서
태어났다. 일본 도쿄대에서
1986년 박사학위를 받았으며
현재 도쿄대 교수로 우주
방사선 연구를 진행하고 있다.

**아서 맥도널드(Arthur
B. McDonald)**

아서 맥도널드는 1943년
캐나다 시드니에서 태어났다.
미국 캘리포니아공대에서
1969년 박사학위를
받았으며, 현재 캐나다
퀸스대 명예교수로 있다.

2015 노벨 물리학상 수상자들은 세 종류의 중성미자(타우(왼쪽부터), 전자, 뮤온)가 자유롭게 상태를 바꾸며 변신을 한다는 사실을 처음 확인했다.

상을 받았다. 중성미자의 존재가 드러나자 미국 국방부는 중성미자를 잠수함의 통신에 활용하려고 시도했다. 물속에서는 통신이 불가능해 잠수함이 수면 가까이 올라와야 했는데, 물질과 거의 반응하지 않는 중성미자를 이용하면 해법을 찾을 수 있을 것으로 여겼기 때문이다.

한편 미국 물리학자 레온 레더만, 멜빈 슈왈츠, 잭 슈타인버거는 1962년 뮤온 중성미자를 발견해 1988년 노벨 물리학상을 수상했다. 이후 지금까지 발견된 중성미자는 타우 중성미자, 뮤온 중성미자, 전자 중성미자 세 종류다. 또 각각에 대해 스핀 방향이 반대인 반중성미자도 존재한다.

일본의 고시바 마사토시 도쿄대 명예교수와 레이먼드 데이비스 미국 펜실베이니아대 교수는 태양과 초신성에서 날아온 중성미자를 관측해 2002년 노벨 물리학상을 받았다. 고시바 교수는 데이비스 교수와 함께 1985년부터 일본 기후 현 히다시에 위치한 지하 1킬로미터 깊이의 가미오카 폐광에 정제된 물 3000톤을 채운 탱크를 이용해 중성미자 검출에 나섰다. '가미오칸데'라고 불리는 이 검출기를 통해 그는 1987년 초신성이 폭발할 때 발생한 중성미자를 검출했고 이듬해엔 태양에서 나온 중성미자를 포착했다.

탱크 안에서 중성미자가 물 분자와 충돌할 때 빠르게 대전된 입자가 만들어지는데, 이 과정에서 발생하는 '체렌코프 복사'를 광센서가 측정하는 방식이다. 체렌코프 복사의 형태와 강도를 통해 중성미자의 상태와 중성미자가 어디서 왔는지를 확인할 수 있다.

데이비스 교수는 미국 사우스다코타 주에 있는 금광에도 거대한 탱크를 설치하고 염소가 다량 포함된 액체로 채운 뒤 태양에서 오는 중성미자를 관측하는 데 성공했다.

그런데 데이비스 교수팀은 태양에서 온 중성미자의 양이 예상치보다 $\frac{1}{3}$에 불과하다는 점에 의문을 품었다. 태양에서 오는 중성미자의 양은 태양 질량을 토대로 계산하면 수학적으로 계산할 수 있는데, 검출기로 관측된 양과 큰 차이를 보였기 때문이다. 고시바 교수팀의 실험에서도 태양 중성미자의 양은 예상치의 절반에 그쳤다. 연구팀은 이를 '태양 중성미자 문제'라고 부르며 태양에서 오는 전자 중성미자가 다른 종류의 중성미자로 바뀌었을 거라는 가설을 내놨다.

● 질량 다른 중성미자들, 자유자재로 변신

마침 이 무렵 당시 도쿄대 연구원이었던 가지타 교수는 가미오칸데에서 양성자 붕괴 현상을 관측하고 있었다. 지구 대기에서 만들어진 뮤온 중성미자가 관측을 방해했는데, 이상하게도 뮤온 중성미자의 양이 예상보다 적게 나타났다. 그는 그 이유가 뮤온 중성미자가 가미오칸데로 날아오는 도중 다른 종류의 중성미자로 변환했기 때문이라고 생각했다.

이 생각을 확인하기 위해 가지타 교수는 가미오칸데보다 수십 배 더 큰 '슈퍼가미오칸데' 검출기를 건설해 1996년 실험을 시작했다. 지하에 물 5만 톤을 채우고 광센서를 1만 개나 배치한 장치였다. 2년 뒤인 1998년 가지타 교수는 지구 대기에서 만들어진 중성미자가 변환한다는 사실을 명확히 확인했다. 슈퍼가미오칸데 위쪽 대기에서 생성돼 20~30킬로미터를 날아온 중성미자는 양이 바뀌지 않고 그대로 관측됐지만 지구 반대편 대기에서 발생해 1만 2000킬로미터를 날아온 중성미자는 다른 종류의 중성미자로 바뀌는 진동변환에 의해 양이 절반으로 줄었기 때문이다. 아쉬운 점은 태양 중성미자가 탱크의 물속 전자와 반응해 신호를 내기 때문에 전자 중성미자는 쉽게 관측할 수 있었지만 뮤온, 타우 중성미자는 관측하기 어렵다는 것이었다.

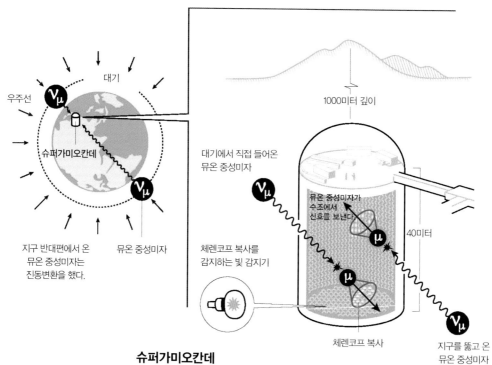

대기

우주선

ν_μ

슈퍼가미오칸데

지구 반대편에서 온
뮤온 중성미자는
진동변환을 했다.

ν_μ

뮤온 중성미자

1000미터 깊이

대기에서 직접 들어온
뮤온 중성미자

ν_μ

체렌코프 복사를
감지하는 빛 감지기

뮤온 중성미자가
수조에서
신호를 보낸다

μ

μ

40미터

체렌코프 복사

지구를 뚫고 온
뮤온 중성미자

ν_μ

슈퍼가미오칸데
슈퍼가미오칸데는 지구 대기에서 만들어진 중성미자를 탐지한다. 탱크 안에서
중성미자가 물 분자와 충돌할 때 빠르게 대전된 입자가 만들어지는데, 이 과정에서 발생한
'체렌코프 복사'를 광센서가 측정한다. 체렌코프 복사의 형태와 강도는 이 반응을 일으킨
중성미자의 상태와 중성미자가 어디서 왔는지를 알려준다. ─ 노벨위원회 제공

이 아쉬움은 캐나다의 맥도널드 교수가 해결했다. 비슷한 시기 맥
도널드 교수도 태양 중성미자 문제가 진동변환 때문인지 여부를 확인하
려고 나섰다. 캐나다 서드버리 지역에 있는 1.5킬로미터 깊이의 탄광에
커다란 원통을 설치하고 물보다 무거운 중수 1000톤을 채워 서드버리
중성미자관측소를 만들었다. 중수 속 중수소는 원자핵에 양성자와 중성
자가 약하게 결합돼 있어서 진동변환으로 생긴 뮤온, 타우 중성미자도
관측할 수 있었다. 실제로 맥도널드 교수팀은 2001년 태양 중성미자의
양을 모두 측정하고, 이를 통해 진동변환이 일어났다는 사실을 확인했
다. 가지타 교수와 슈퍼가미오칸데 실험을 함께 진행한 김수봉 서울대
물리천문학부 교수는 "중성미자는 우주가 탄생할 때 만들어진 입자인
만큼 중성미자의 성질이 밝혀지면 우주의 비밀도 풀리게 된다"며 "아직

중성미자의 '절대 질량'이 밝혀지지 않은 만큼 중성미자 세 종류 중 어떤 게 가장 무거운지 밝혀내기 위한 연구가 한창 진행 중"이라고 밝혔다.

●한국 연구진, 네 번째 중성미자 찾기 도전

중성미자에 질량이 존재하며 서로 변환한다는 사실이 밝혀지면서 현대 입자물리학계는 큰 변화를 맞게 됐다. 지금까지 물질을 구성하는 입자와 이들 사이의 상호작용을 밝힌 현대 입자물리학의 '표준모형'이 성립하려면 중성미자가 질량을 갖고 있지 않아야 했다. 새로운 발견과 함께 표준모형이 우주를 이루는 기본 성분을 설명하는 완벽한 이론

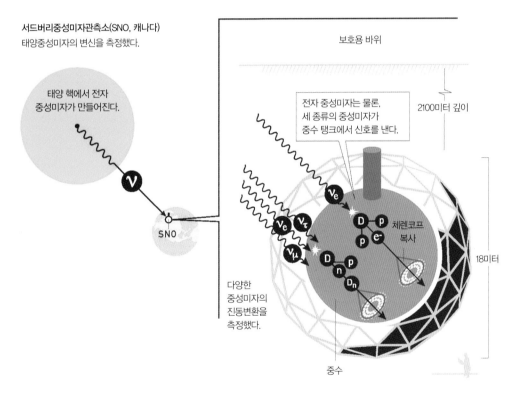

서드버리중성미자관측소(SNO, 캐나다)
태양중성미자의 변신을 측정했다.

태양 핵에서 전자 중성미자가 만들어진다.

SNO

다양한 중성미자의 진동변환을 측정했다.

보호용 바위

2100미터 깊이

전자 중성미자는 물론, 세 종류의 중성미자가 중수 탱크에서 신호를 낸다.

체렌코프 복사

18미터

중수

Illustration: © Johan Jarnestad/The Royal Swedish Academy of Sciences

서드버리중성미자관측소
서드버리중성미자관측소에서는 태양에서 날아오는 전자 중성미자를 탐지한다. 중성미자와 탱크 내부 중수 사이의 반응을 통해 전자 중성미자를 비롯한 세 가지 상태의 중성미자를 모두 검출할 수 있다. – 노벨위원회 제공

이 될 수 없다는 사실이 명백해졌다. 결국 표준모형을 뛰어넘는 대통일 이론의 등장을 예고하고 있다.

또 중성미자 진동변환은 새로운 과제도 남겼다. 세 종류의 중성미자 진동변환으로는 설명할 수 없는 이상 현상이 나타나고 있기 때문이다. 대표적인 것이 '원자로 중성미자 이상 현상'이다. 원자로에서 나오는 중성미자를 측정하는 과정에서 반중성미자의 양이 계산치보다 적게 나타난다는 것이다. 과학자들은 세 종류의 중성미자 외에 또 다른 중성미자가 존재한다는 가설을 제시했다. 아직 알려지지 않은 네 번째 중성미자는 '비활성 중성미자'라고 불린다.

김영덕 기초과학연구원(IBS) 지하실험 연구단장팀은 미지의 중성미자를 찾기 위해 전남 영광 한빛 원자력발전소에서 '단거리 원자로 중성미자 실험(NEOS)'을 진행하고 있다. 원자로에서 27미터 떨어진 곳에 검출기를 설치하고 원자로에서 나오는 전자 반중성미자를 측정하는 실험이다. 새로운 중성미자의 존재가 밝혀진다면 입자물리학은 한 단계 더 성장할 수 있을 것이다.

[노벨 화학상] DNA가 태양을 이기는 비법

노벨 화학상 메달의 뒷면

우리 몸속의 유전물질(DNA)은 자외선이나 각종 발암 물질들에 의해 매일 손상된다. 외부적인 요인이 아니더라도 DNA는 하루에도 수백만 번씩 세포 분열하는 과정에서 결함이 생기기도 한다. 그럼에도 큰 문제없이 건강을 유지할 수 있는 비결은 손상된 DNA를 스스로 복구하는 시스템이 존재하기 때문이다. 2015년 노벨 화학상은 DNA 복구 원리를 분자 수준에서 밝힌 과학자 3명에게 수여됐다.

스웨덴 국적의 토마스 린달 영국 프랜시스크릭연구소 명예 그룹리더(1938년생)와 미국 국적의 폴 모드리치 미국 듀크대 의대 교수(1946년생), 미국과 터키 이중 국적자인 아지즈 산자르 미국 노스캐롤라이나대 의대 교수(1946년생)는 세포가 손상된 DNA를 복구해 유전

정보를 보호하는 메커니즘을 밝힌 공로로 노벨상을 수상했다. 산자르 교수는 모국인 터키에 첫 번째 노벨 과학상을 안겨줬다.

1970년대 초까지 DNA는 안정적인 분자로 인식됐지만 이후 DNA가 쉽게 손상된다는 사실이 밝혀졌다. 다행히 DNA가 손상되어도 스스로 고치는 메커니즘이 작동한다. 이번 수상자들은 각기 다른 DNA 복구 과정을 밝혀냈다.

스웨덴 노벨상위원회는 "올해 수상자들이 DNA의 자가 복구 과정을 밝힌 덕분에 새로운 암 치료법 개발 등에 이용할 수 있는 생물학적 지식을 얻게 됐다"고 평가했다.

염색체는 이중나선 구조의 DNA와 네 종류의 염기로 이뤄진 뉴클레오티드로 구성돼 있다. 염기에서 아데닌은 티민과, 구아닌은 시토신과 항상 마주 보며 하나의 '염기쌍'을 이룬다. 세포에 들어 있는 염색체 46개에는 약 60억 개의 염기쌍이 존재한다.

세포가 분열할 때 모든 염색체도 복제돼 나눠진다. DNA 이중나선이 풀리면서 각 단일가닥을 주형(틀)으로 삼아 새로운 DNA 가닥이 생긴다. 이때도 아데닌은 티민과, 구아닌은 시토신과 짝을 짓는다.

● '안정한 DNA'에 반기 들다

'생명의 책'이라 불리는 DNA는 아데닌(A), 구아닌(G), 시토신(C), 티민(T) 네 가지 염기의 서열에 담긴 정보를 이용해 생명활동을 수행하는 단백질을 만든다. 이때 아데닌은 티민과, 시토신은 구아닌과 짝을 이룬다. 세포 하나는 대략 30억 개의 염기쌍이 이어져 있다. 복잡하면서도 질서정연한 모습에 과거 과학자들은 DNA가 안정적이라고 생각했다.

린달 그룹리더는 1960년대 말 '정말 DNA가 안정적일까' 하는 의문을 품기 시작했다. DNA와 닮은 RNA가 열에 쉽게 변성되는 모습을 확인했기 때문이다. 더구나 DNA가 안정적이라면 돌연변이가 발생하기 어렵고 지구 생명체의 진화도 불가능했을 거라는 생각까지 들었다.

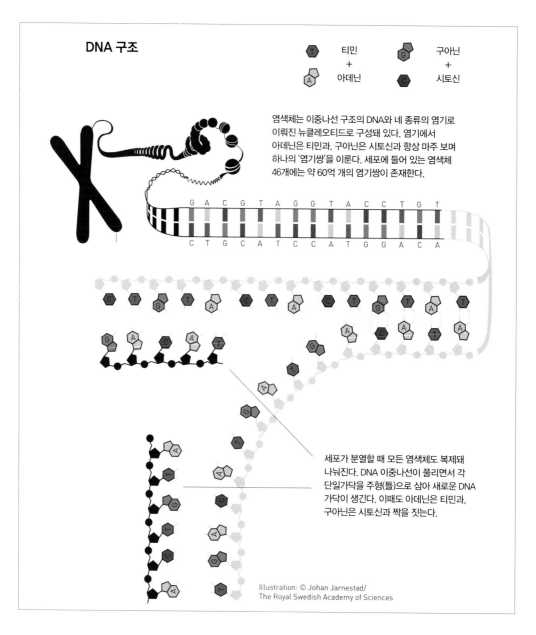

DNA 구조

티민 + 아데닌

구아닌 + 시토신

염색체는 이중나선 구조의 DNA와 네 종류의 염기로 이뤄진 뉴클레오티드로 구성돼 있다. 염기에서 아데닌은 티민과, 구아닌은 시토신과 항상 마주 보며 하나의 '염기쌍'을 이룬다. 세포에 들어 있는 염색체 46개에는 약 60억 개의 염기쌍이 존재한다.

G A C G T A G G T A C C T G T

C T G C A T C C A T G G A C A

세포가 분열할 때 모든 염색체도 복제돼 나눠진다. DNA 이중나선이 풀리면서 각 단일가닥을 주형(틀)으로 삼아 새로운 DNA 가닥이 생긴다. 이때도 아데닌은 티민과, 구아닌은 시토신과 짝을 짓는다.

Illustration: © Johan Jarnestad/
The Royal Swedish Academy of Sciences

실제 실험에 착수한 결과, DNA가 느리지만 매일 일정 정도 손상된다는 사실을 규명했다. 문제는 손상되는 정도를 보면 정상적인 생명현상이 불가능한 수준이라는 점이었다. 이에 그는 손상된 DNA를 복구하는 메커니즘이 있을 거라는 가설을 세우고 복구 과정을 추적하기 시작했다.

가장 먼저 주목한 것이 시토신의 오류였다. 시토신은 아미노기 하나를 잃고 RNA의 염기인 우라실(U)로 바뀌기 쉬웠다. 시토신이 우라실로 바뀌면 구아닌과 짝을 이룰 수 없다. 짝이 맞지 않으면 유전정보에 이상이 생기고 원치 않는 단백질이 생겨나 암으로 발전할 수도 있다.

린달 그룹리더는 시토신이 우라실로 비정상적으로 바뀌었을 경우 '글리코실화 효소'가 먼저 우라실을 제거하고 다른 효소와 힘을 합쳐 문제가 생긴 염기를 잘라낸 뒤 그 자리를 새로운 염기로 메우는 '염기 절단복구(Base Excision Repair, BER)' 과정을 발견했다. 그는 이 사실을 1974년 발표하며 DNA가 복구된다는 사실을 처음으로 알렸다.

● 지금도 몸속 DNA는 복구 작업 중

모드리치 교수는 세포 복제 과정에서 생기는 오류를 어떻게 바로잡는지 증명해 보였다. 세포 분열 과정에서 DNA가 복제될 때, 새로운 DNA에 짝이 맞지 않는 염기 서열이 들어가는 오류가 발생할 수 있다. 실제로 우리 몸속에서 하루에도 수없이 일어나는 현상이다. 이때 짝이 맞지 않은 염기 서열을 골라 고치는 '불일치 복구(MisMatch Repair, MMR)' 과정이 작동한다.

모드리치 교수는 이 과정에서 DNA의 '메틸기'가 표지판 역할을 한다는 사실을 발견했다. 복구를 주도하는 효소가 문제의 부위를 찾으면 DNA를 자르는 '가위' 효소를 부르는데, 이때 메틸기가 붙은 DNA 가닥을 원본으로 인식하고, 메틸기가 없는 다른 가닥에서 잘못된 부분을 잘라낸다. 잘못된 부위가 잘려나가면 복구 시스템에 있는 효소들이 염기쌍을 정상적으로 복구한다.

모드리치 교수는 복구 시스템을 구성하는 효소들의 정체와 특성까지 밝혀냈다. 이 메커니즘은 DNA 복제 시 오류가 발생할 확률을 1/1000로 낮춰 준다. 태어날 때부터 이 메커니즘에 결함이 있는 사람은 유전으로 인한 대장암이 발생할 확률이 높은 것으로 알려져 있다.

● DNA는 자외선도 이긴다

산자르 교수는 세포가 자외선에 노출돼 DNA가 손상된 경우 복구하는 메커니즘을 발견했다. DNA에 손상을 입히는 여러 요인이 있는데 산자르 교수가 발견한 '뉴클레오티드 절단복구(Nucleotide Excision Repair, NER)'는 자외선이나 담배 연기 같은 발암성 물질에 의해 돌연변이가 발생해 생긴 결함을 바로잡을 때 작동한다.

예를 들어 자외선으로 인해 티민 2개가 서로 결합하는 오류가 일어나면 뉴클레오티드(DNA 줄기)를 분해하는 효소인 '엑소뉴클레아제'가 이를 발견해 문제의 염기뿐만 아니라 DNA 줄기 12개를 한 번에 잘라낸다. 그런 다음 DNA 중합효소가 빈 공간을 채우고 DNA 연결효소

염기 절단복구

뉴클레오티드는 염기와 당, 인산으로 이뤄져 있다. 토마스 린달 그룹리더는 염기가 손상됐을 때 복구하는 시스템을 발견했다. 예를 들어 시토신이 손상된 경우를 살펴보자.

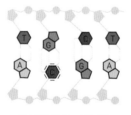

1 시토신은 아미노기 하나를 잃고 우라실로 바뀌기 쉽다.

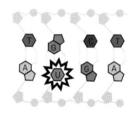

2 우라실은 맞은편에 있는 구아닌과 정상적으로 짝을 이루지 못한다.

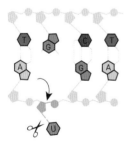

3 글리코실화 효소가 이 손상을 인지하고 우라실을 잘라낸다.

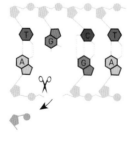

4 다른 효소 단백질들이 DNA 가닥에 남아 있는 뉴클레오티드 조각을 잘라낸다.

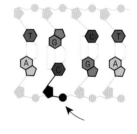

5 DNA 중합효소가 잘린 부위를 채우고 DNA 연결효소가 잘린 가닥을 다시 연결한다.

Illustration: © Johan Jarnestad/The Royal Swedish Academy of Sciences

가 DNA 줄기를 다시 꿰매 복구하는 식이다.

이 복구 메커니즘에 결함을 갖고 태어난 사람들이 자외선에 노출되면 피부암에 걸릴 위험이 높다. 바꿔 말하면 이 복구 메커니즘은 우리가 흔히 접하는 각종 발암 화학물질에 의한 DNA 손상에서 우리 몸을 지키는 역할을 한다. 산자르 교수가 발견한 메커니즘을 이용하면 항암제가 암세포의 DNA를 효과적으로 손상시키는 방법도 규명해낼 수 있어, 암 치료 연구에 큰 도움을 주고 있다.

명경재 기초과학연구원(IBS) 유전체항상성연구단장(UNIST 생명과학부 교수)은 "지난해 미국 식품의약국(FDA)이 새롭게 승인한 표적 항암제도 DNA 복구 과정을 토대로 개발됐다"며 "암이 발생하는 가장

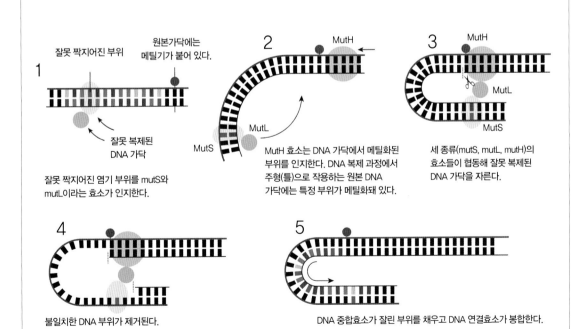

불일치 복구

세포 분열이 일어나면서 DNA가 복제될 때, 짝이 맞지 않는 뉴클레오티드가 새로운 DNA 가닥에 들어가는 경우가 있다. 폴 모드리치 교수는 이런 오류를 바로잡는 '불일치 복구' 시스템을 발견했다. 이런 오류가 1000번 발생하면 한 번을 제외하곤 모두 이 시스템이 바로잡는다.

1
잘못 짝지어진 부위
원본가닥에는 메틸기가 붙어 있다.
잘못 복제된 DNA 가닥
잘못 짝지어진 염기 부위를 mutS와 mutL이라는 효소가 인지한다.

2
MutH
MutS
MutL
MutH 효소는 DNA 가닥에서 메틸화된 부위를 인지한다. DNA 복제 과정에서 주형(틀)으로 작용하는 원본 DNA 가닥에는 특정 부위가 메틸화돼 있다.

3
MutH
MutL
MutS
세 종류(mutS, mutL, mutH)의 효소들이 협동해 잘못 복제된 DNA 가닥을 자른다.

4
불일치한 DNA 부위가 제거된다.

5
DNA 중합효소가 잘린 부위를 채우고 DNA 연결효소가 봉합한다.

Illustration: © Johan Jarnestad/The Royal Swedish Academy of Sciences

뉴클레오티드 절단복구

세포가 자외선이나 담배와 같은 발암물질에 노출되면
뉴클레오티드가 손상된다. 아지즈 산자르 교수는 손상된
뉴클레오티드 부위를 복구하는 시스템을 발견했다.

자외선에 노출

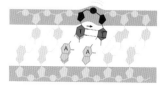

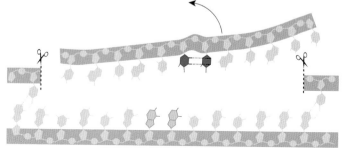

1 자외선은 티민 염기 두 개를
비정상으로 결합하게 만든다.

2 뉴클레오티드 절단복구에 참여하는 효소들이 손상을
인지하고 뉴클레오티드 12개를 한 번에 잘라낸다.

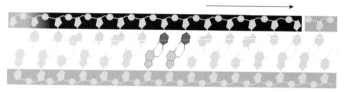

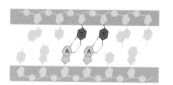

3 DNA 중합효소가 잘린 부위를 다시 채운다.

4 DNA 연결효소가 남은 틈을 봉합해
손상된 DNA를 복구한다.

Illustration: © Johan Jarnestad/The Royal Swedish Academy of Sciences

토마스 린달(Thomas Lindahl)

토마스 린달은 1938년 스웨덴
스톡홀름에서 태어났다. 스웨덴
카롤린스카 의대에서 1967년
박사학위를 받은 뒤, 1978년부터
1982년까지 스웨덴 고덴버그대 의학
및 생화학과 교수를 지냈다. 현재는
영국 프랜시스크릭연구소와 클레어 홀
암연구소의 명예 그룹리더를 맡고 있다.

폴 모드리치(Paul Modrich)

폴 모드리치는 1946년 미국에서
태어났다. 미국 스탠퍼드대에서 1973년
박사학위를 받았으며, 미국 하워드
휴즈 의학연구소에서 연구원으로
근무했다. 현재는 미국 듀크대 의대
생화학부 교수로 재직 중이다.

아지즈 산자르(Aziz Sancar)

아지즈 산자르는 1946년 터키 사부르에서 태어났다. 미국 텍사스대에서
1977년 박사학위를 받았으며, 현재는 미국 노스캐롤라이나대 의대 생화
학 및 생물리학과 교수로 있다.

기본적인 원리를 밝혔다는 점에서도 의학적 가치가 크다"고 설명했다.

[이그노벨상] 벌에 물릴 것 같으면 콧구멍만은 가려라

노벨상 수상자를 발표하기 2~3주 전에는 노벨상보다 더 재밌는 '이그노벨상' 시상식이 열린다. 미국 하버드대에서 발간하는 과학유머 잡지 '황당무계 연구 연보'가 노벨상을 패러디해 만든 괴짜상으로 '사람들을 웃게 하고 그다음에는 생각하게 한다'는 철학에 걸맞은 수상자에게 수여한다.

아무리 괴짜상이라고는 하나 하버드대 샌더스 극장에서 행사를 진행하고 2015년 9월 17일 열린 시상식이 25번째라고 하니 상징성과 전통성을 무시할 수 없다. 이그노벨이라는 이름은 노벨상의 'nobel' 앞에 '품위 없는'을 뜻하는 '이그노블(ignoble)'을 합성해 만들었다.

2015년 이그노벨상은 총 10개 부문에서 수상자가 발표됐다. 부문은 다양하지만 수상자의 연구를 듣기만 해도 눈살이 찌푸려지고 헛웃음이 나온다는 공통점이 있다. 대표적인 수상자로는 생리곤충학상을 공동수상한 저스틴 슈미트 미국 사우스웨스트 생물연구소 책임연구원을 들수 있다. 그는 영화 '앤트맨'에서 언급된 '슈미트 고통지수'의 개발자다. 그는 곤충 78종에게 직접 물린 뒤 1~4점으로 고통지수를 정리해 2012년 '곤충 독침에 대한 보고서'를 발표했다. 가장 독한 곤충에는 '큰열대총알개미'가 올랐다. 그는 이 개미에게 물린 고통을 "발뒤꿈치에 녹슨 못이 박힌 채 뜨거운 숯 위를 걷는 것 같다"고 표현했다.

슈미트 연구원 못지않게 살신성인의 자세를 보인 수상자는 또 있었다. 생리곤충학상을 공동수상한 마이클 스미스 미국 코넬대 물리학과 박사과정 학생이 그 주인공. 그는 신체 각 부위에 벌침을 놓은 뒤 고통의 수준을 0~10점으로 수치화해 발표했다. 그는 38일 동안 하루에 벌침 5방씩 총 200방의 벌침을 25군데 부위에 맞았다. 가장 아픈 부위에는 콧구멍(9.0), 윗입술(8.7), 성기(7.3)가 꼽혔다. 가장 덜 아픈 곳은 정

이그노벨 생리곤충학상을
수상한 저스틴 슈미트

수리, 팔뚝, 가운데 발가락(모두 2.3)으로 나타났다.

의학상을 수상한 기마타 하지메 일본 사토병원 교수는 키스가 알레르기를 줄이는지 확인하기 위해 환자들에게 키스를 하게 했다. 아토피성 습진 환자, 알레르기성 비염 환자 등은 자신의 배우자나 애인과 30분 동안 키스를 하면서 면역 반응 정도를 확인했다. 그 결과 면역 반응이 지나쳐 발생하는 알레르기가 크게 줄어든 것으로 나타났다.

■ 2015년 이그노벨상 10개 부문 수상 연구

① **화학상** : 삶은 계란의 단백질 구조를 바꿔 날달걀로 되돌려 놓는 기계를 개발

② **물리학상** : 코끼리, 말, 개, 생쥐 등 포유류가 방광을 비우는 데 걸리는 시간을 고속 카메라로 촬영했더니 크기에 상관없이 모두 21초였다는 연구

③ **문학상** : 확신이 없을 때 무심코 내뱉는 단어인 '응?(Huh)'이 모든 언어에서 나타난다는 것을 증명한 연구

④ **경영학상** : 5~15세 때 자연재해를 겪었던 CEO일수록 회사 부채를 잘 관리하며 위험 부담이 큰 결정을 할 때 더 신중하다는 연구

⑤ **경제학상** : 태국 경찰이 뇌물을 거절하게 만들려면 경찰에게 인센티브를 얼마나 더 줘야 하는지에 대한 태국 경찰청의 연구

⑥ **의학상** : 키스를 한 뒤 10~60분 내에 침 DNA에서 상대방의 것을 찾을 수 있다는 연구. 키스가 알레르기를 예방한다는 연구와 공동수상

⑦ **수학상** : 자녀가 888명인 것으로 알려진 18세기 모로코의 황제 물레이 이스마일이 30년 동안 어떻게 이 많은 수의 아이를 낳을 수 있었는지 계산한 연구

⑧ **생물학상** : 닭에게 나무로 만든 인공 꼬리를 달면 걸음걸이가 수각아목 공룡과 비슷해진다는 연구

⑨ **진단의학상** : 과속방지턱을 넘을 때 아픈 정도에 따라 충수염(맹장염)을 진단할 수 있다는 연구

⑩ **생리곤충학상** : 신체 부위별로 벌에 쏘였을 때 아픈 정도를 수치화한 연구와 쏘였을때 가장 아픈 곤충을 수치화한 연구가 공동수상

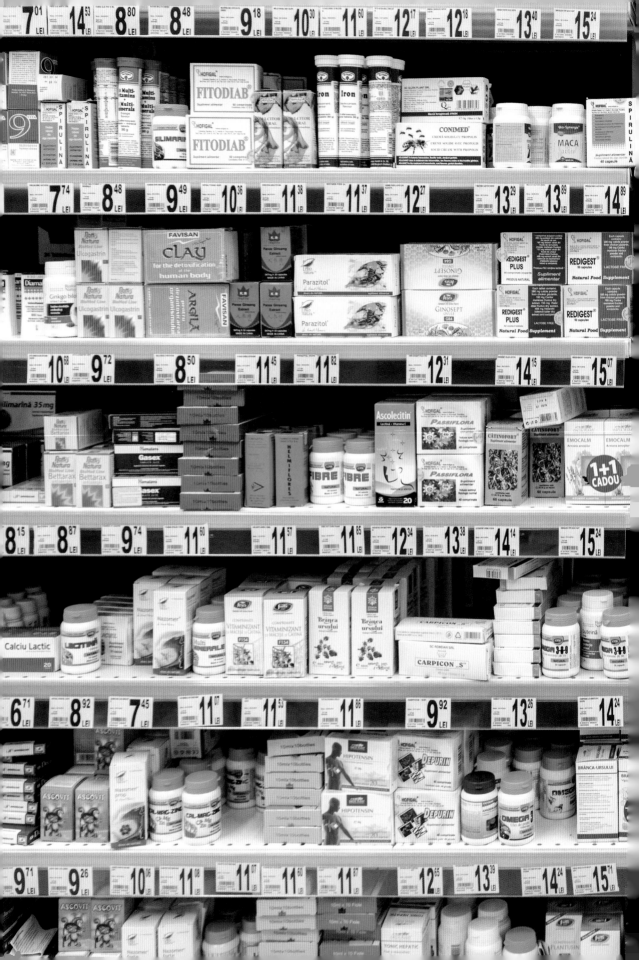

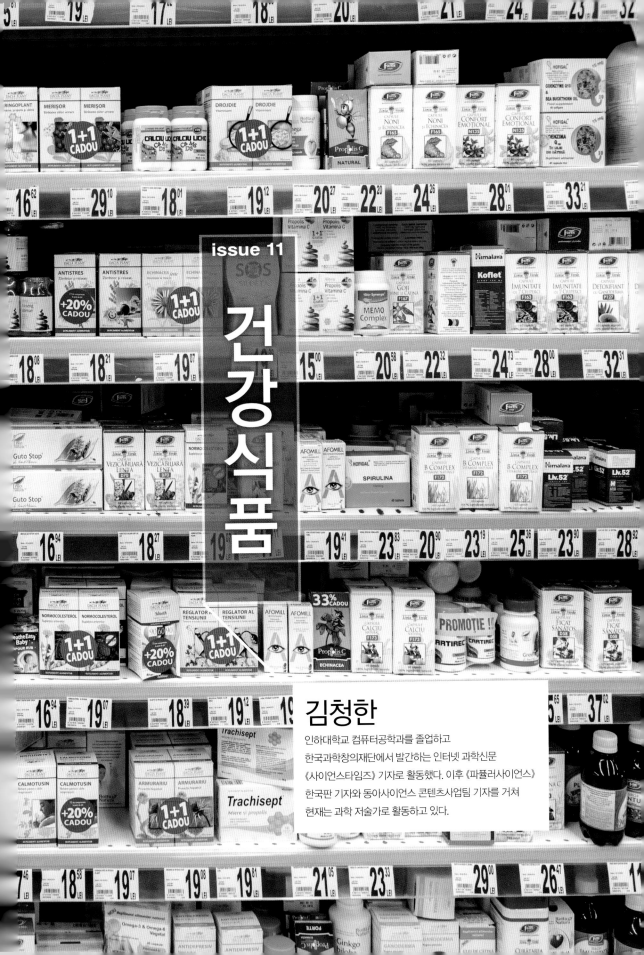

issue 11

건강식품

김청한

인하대학교 컴퓨터공학과를 졸업하고
한국과학창의재단에서 발간하는 인터넷 과학신문
《사이언스타임즈》 기자로 활동했다. 이후 《파퓰러사이언스》
한국판 기자와 동아사이언스 콘텐츠사업팀 기자를 거쳐
현재는 과학 저술가로 활동하고 있다.

백수오 논란으로 살펴보는 건강식품의 허와 실

1. 사람이 바글바글 모여 있는 어느 전통시장. 입담 좋아 보이는 남자 한 명이 마이크를 잡고 열변을 토하고 있다. 그의 한 마디 한 마디에 좌중에 모인 관객들이 울다 웃기를 반복한다. 관객들의 평균 연령은 약 70세. 오랜만에 듣는 재미있는 이야기에 시간 가는 줄 모르고 자리를 지킨다. 이윽고 마이크를 잡은 남자가 가방에서 무언가를 꺼내자 관객들은 너나 할 것 없이 관심을 보인다.

2. 이제 50대에 접어든 주부 A씨. 요즘 들어 찌뿌둥한 몸에 하루하루가 괴롭다. 그러던 중 무심코 켠 TV 화면에서 눈을 돌리지 못했다. 자신이 이렇게 괴로운 이유가 갱년기 증상 때문이라는 말이 마음에 콕 박혔기 때문이다. 화면에는 갱년기 여성의 몸에 좋다는 건강식품 광고가 나오고 있었다. 멍하니 쇼핑 호스트의 입만 바라보던 A씨는 자신도

모르게 전화를 걸었다.

위의 사례들은 뉴스나 주변에서 한 번씩 봐 왔던 전형적인 건강식품 구매 모습이다. 홈쇼핑, 전통시장, 마을회관 등 장소를 가리지 않는 건강식품 판매에 앞뒤 안 보고 비싼 건강식품을 구입하는 모습은 익숙한 풍경이 된 지 오래다.

실제 건강식품 시장은 굉장한 규모를 자랑하고 있다. 식품의약품안전처에 따르면 2013년 기준 건강식품 시장 규모는 무려 1조 7920억 원에 이른다. 한국건강기능식품협회에서 추산한 규모는 더욱 커 2013년 기준 4조 6300억 원에 육박한다. 고령화 시대에 접어들면서 건강식품 시장은 앞으로도 더욱 커질 것으로 전망된다. 일례로 2013년의 시장 규모는 5년 전인 2009년의 1조 1600억 원과 비교해 55%나 늘어난 수치다. 문제는 '건강식품'이라는 타이틀을 내건 제품이 실제 그 이름값을 하느냐다. 겉포장만 그럴듯하고 내용물은 별 거 없는 속칭 가짜 상품이 수두룩한 것이다. 한국소비자원 '건강식품 위해정보 신고현황'에 따르면 2015년 상반기에만 3225건의 건강식품 위해정보가 신고됐다.

백수오? 하수오? 가짜 백수오?

2015년을 떠들썩하게 한 과학이슈 중 하나였던 가짜 백수오 논란은 대한민국이 얼마나 건강식품 열풍에 들떠 있는지를 잘 보여주는 사례가 됐다. 사건의 발단은 지난 4월 22일. 한국소비자원은 내츄럴엔도텍에서 판매하는 백수오 식품의 원료에 이물질인 이엽우피소가 섞여 있다고 발표했다. 해당 제품은 각종 인터넷과 잡지 등에 소개되며 최고의 주가를 올리던 건강식품. 말 그대로 신드롬을 일으키던 제품이었다.

한국소비자원의 발표 이후 모든 것이 변했다. 환불 건으로 홈쇼핑 업무가 마비되고, 코스닥 최고의 기대주였던 관련 기업 주가가 폭락했다. 뉴스에서는 연일 백수오 관련 이야기들이 헤드라인을 장식했다. 백

백수오

수오 제품을 구입했던 소비자들은 잇달아 단체소송 카페를 만들어 소송을 하기도 했다.

신드롬을 일으켰던 내츄럴엔도텍의 제품 말고도 백수오를 원료로 사용한 제품 모두가 의심의 눈초리를 받았다. 결국 한국소비자원에서 관련 제품 207개 제품을 수거해서 검사하기에 이르렀고, 그 결과 40개 제품에서 이엽우피소가 들어 있는 것을 확인할 수 있었다. 나머지 167개 제품이라고 100% 안심할 수 있는 것은 아니다. 이엽우피소가 들어 있는지 아닌지 정확히 확인이 안 됐을 뿐이다.

그렇다면 과연 백수오(白首烏)가 무엇이기에 이렇게 큰 논란이 됐을까? 백수오와 하수오 그리고 백수오와 비슷한 이엽우피소까지, 알고 보면 꽤나 복잡한 백수오의 정체도 대한민국을 시끄럽게 만드는 데 일조했다. 백수오의 정식 학명은 키난춤 윌포디Cynanchum wilfordii Hemsley로 정확히는 이 식물의 뿌리 부분을 약용으로 사용하고 있다. 우리나라 말로는 은조롱이라고 하며 백하수오라고도 불린다. 특히 갱년기 여성에게 좋다고 하여 큰 인기를 끌고 있다. 홍보 자료에 따르면 안면홍조·불면·신경과민·우울·피로 등에도 효과를 발휘한다고 한다. 갱년기 여성에게는 구세주와 같은 존재인 것이다.

한편 이름이 비슷해 많은 사람들을 헷갈리게 하는 적하수오는 여뀌과 식물인 '붉은조롱Polygonum multiflorum Thunb'의 덩이뿌리를 말린 것이다. 간과 신장 등에 좋아 예로부터 약재로 쓰였다는 점을 빼면 사실 백수오와 비슷한 점은 없다고 볼 수 있으나 많은 곳에서 혼용하고 있다. 이엽우피소는 30여 년 전 중국에서 도입된 외래종으로 정확한 명칭은 '넓은잎조롱Cynanchum auriculatum'이다. 재배 기간이 3년 남짓이고 재배도 쉽지 않은 백수오에 비해 1년 만에 수확이 가능하고 생산량도 좋아 가격이 백수오의 $\frac{1}{3}$에 불과하다. 가장 큰 특징은 백수오와 뿌리 부분의 형태가 매우 비슷하다는 점으로 사실상 육안으로는 구분이 불가능한 수준이다.

짧게 정리하자면, 백수오 논란은 백수오 대신 비슷하게 생겼으면서 저렴한 이엽우피소를 사용했기 때문에 생긴 것이다. 백수오의 특별한 효능을 기대하고 거액의 돈을 지불한 소비자들은 실망감을 느낄 법하다. 여기서 끝난다면 그나마 상황이 좋았을 것이다. 이엽우피소의 진짜 문제는 독성 문제가 아직 확실히 검증되지 않았다는 점이다. 이엽우피소는 현재 대한약전의 한약(생약)규격집에도 등록되어 있지 않은 상태다. 이는 의약용으로 적합하지 않다는 뜻으로 현재 건강기능식품이나 약재로 사용하면 불법이라는 뜻이다. 이엽우피소는 미국식품의약국(FDA)에 독성이 보고된 식물이기도 하다.

이엽우피소, 정말 독성 문제 있나?

이엽우피소의 독성 문제는 중국에서 먼저 제기됐다. 중국 식물도감 데이터베이스에는 이엽우피소 뿌리의 독이 침 흘림, 구토, 경련, 호흡곤란, 심장박동의 완만 등의 중독 증상을 발생시킬 수 있다는 언급이 있다. 이에 따르면 쥐와 참새를 독살하는 것도 가능하다.

대한한의사협회에서도 보도자료를 통해 이엽우피소를 조심하라는 입장을 밝혔다. 대한한의사협회는 "중국의 여러 논문들은 이엽우피소의 독성을 확정하는 수준의 연구로는 아직 부족한 것이 사실"이라며 "하지만 그 독성에 대해 주의를 기울일 필요가 있음은 확인했다"고 전

했다.

이엽우피소의 독성을 지적한 논문은 난징 철도의대에서 진행한 「이엽우피소 토탈 글리코사이드 A중 항종류 세포 독성분의 신경세포에 대한 독성평가연구」다. 쥐를 대상으로 한 이 논문은 이엽우피소의 C21 스테로이드에서 추출한 화합물이 쥐의 대뇌피질 신경세포에 독성 반응을 일으킨다고 지적하고 있다. 송쥔메이, 루충밍 등이 진행한 동물실험에서도 이엽우피소의 독성이 드러났다는 평가다. 이엽우피소에서 추출한 토탈 글리코사이드를 투여한 쥐들이 걸음이 이상하고 운동 능력이 저하되었으며, 심할 경우 경련과 강직성 움직임, 심박과 호흡의 둔화 현상 등으로 사망에 이르기도 했다는 결과가 나왔다. 이엽우피소가 든 사료를 먹은 암퇘지에서 유산이 증가했다는 1쪽짜리 연구 논문이 1984년에 발표되기도 했다. 한국소비자원은 이런 연구 결과를 근거로 이엽우피소가 간 독성이 있고 신경 쇠약 · 체중 감소를 유발한다고 밝혔다.

하지만 이것으로 이엽우피소의 독성이 완전히 증명됐다고 하기에는 이르다는 분석도 있다. 한국독성학회는 2015년 5월 14일 기자간담회를 통해 중국에서 진행된 이들 연구가 쥐에게 이엽우피소를 지나치게 많은 양을 먹이는 등 허점이 많다고 밝혔다. 한국독성학회는 의학 • 약학 · 수의학 · 생물학 · 보건학 등의 독성 전문가 1000명 이상이 모인 학술단체다.

한국독성학회에 따르면 OECD의 독성시험 가이드라인은 전체 사료 중 시험물질의 양이 5%를 넘지 않도록 하는 것이다. 시험물질이 5% 이상이면 정상적인 영양 공급이 이뤄지지 않아 연구 결과가 왜곡될 수 있기 때문이다. 그런데 해당 실험에는 최대 5%, 10%, 20%의 세 가지 케이스로 나눠 이엽우피소가 함유된 사료를 먹였다. 그 결과 이엽우피소가 5% 함유된 사료를 먹은 쥐에선 이렇다 할 독성이 나타나지 않았다. 이번에 문제가 된 내츄럴엔도텍 제품의 정상 복용량은 한 번에 두 알씩, 하루 4알이다. 설사 제품이 혼합물이 아닌 이엽우피소로만 구성됐다고 해도 하루 4알로 얻는 이엽우피소 섭취량은 2g에 지나지 않는다. 사람과 쥐의 체중 차이 등을 감안하면 위험하다고 결론 내리기 어려운 것이다.

이엽우피소에 부정적인 연구 결과만 있는 것은 아니다. 2012년엔 체중 1킬로그램당 10~4밀리그램의 이엽우피소 추출물을 실험용 쥐에 먹였더니 뇌의 신경물질인 세로토닌 수치가 상승해 우울증이 감소하고 운동량이 늘어났다는 연구 논문이 발표됐다. 한국독성학회에 따르면 이 연구에서 쥐들이 먹은 이엽우피소의 양은 난징 철도의대 연구의 1/100 수준에 불과했다.

무엇보다 이엽우피소의 독성을 연구한 결과 데이터가 너무 적다. 이는 이엽우피소가 중국 외의 다른 나라에선 거의 먹지 않아 연구의 필요성이 없었기 때문으로 보인다. 모든 연구가 사람을 대상으로 한 것이 아닌, 실험동물을 대상으로 한 것이었다는 점도 독성 파악을 어렵게 만든다.

이와 같이 이엽우피소의 정확한 효능과 독성은 아직 검증되지 않은 상태다. 이에 백수오 논란으로 큰 곤란을 겪었던 식약처에서 본격적인 독성 검증에 나선 형국이다. 식약처는 향후 이엽우피소 독성시험 용역을 발주하고 2년의 기한으로 연구를 진행 중이다. 구체적으로는 이엽우피소 및 백수오 시험물질 조제 등에 5개월, 용량결정 등 예비시험에 2개월, 시험물질별 반복투여 독성시험 및 1차 보고서 작성에 13개월, 병리조직검사 등 전문가 검토(Peer Review)를 포함한 결과보고서 작성에 4개월이 걸린다.

백수오 효능, 얼마나 검증됐을까?

지금까지 백수오와 이엽우피소의 이모저모를 알아봤다. 가짜 백수오로 악명을 떨친 이엽우피소는 효능은 고사하고 독성에 대한 검증조차 제대로 이뤄지지 않은 상태다. 그런데 이엽우피소가 아닌 백수오를 원료로 사용하면 모든 논란이 끝나는 것일까? 계절이 몇 번 지날 때까지도 수그러들지 않는 환불을 둘러싼 업체와 소비자 간의 실랑이는 둘째치고라도 아직 짚고 넘어가야 할 부분이 많다.

사실 진짜 백수오 제품이라도 문제는 남아 있다. 건강기능식품으로 시중에 유통되는 백수오는 그 자체가 아니라 복합추출물이기 때문이다. 식약처 역시 '임산부 및 수유부는 섭취를 삼갈 것'을 권장하고, '항응고제 또는 항혈전제를 복용하는 사람 역시 의사와 상담할 것'을 주의사항으로 제시하고 있다. 부작용이 있을 수 있다는 것이다.

그러나 백수오 논란에서 가장 확실하게 짚어봐야 할 점은 역시 백수오의 효능 그 자체다. 많은 전문가들이 백수오의 효능에 대해 검증이 필요하다고 말하고 있다. 대한가정의학회 근거중심의학위원회(이하 위원회) 등 의학계에서 인정한 관련 임상시험은 5월 5일 기준, 총 2편에 불과하다. 위원회에 따르면 학술연구정보서비스(RISS)에서 백하수오, 백수오, 이엽우피소를 검색어로 논문을 검색한 결과 국내 학술지에 발표된 논문은 총 164건이 있으나, 이 중 해당 물질과 관련한 논문은 총 20편이며 이 중 사람을 대상으로 시행된 임상시험은 단 1편에 불과하다. 위원회에서 수동으로 추가 검색한 결과, 백수오의 갱년기 증상 완화에 대한 1편의 임상시험이 추가로 검색돼 국내 학술지에 발표된 백수오의 효능에 대한 임상시험은 총 2편이다.

문제는 이 2편의 논문도 그 효능을 명확히 입증했다고 보기는 힘들다는 것이다. 2003년 《한국생물공학회지》에 발표된 첫 백수오 관련 논문은 백수오·당귀·마른 생강 등을 투여한 폐경기 여성 24명을 대상으로 임상시험을 진행한 것이다. 58.3%가 폐경 증상 호전을 보였으나, 백수오 단독으로 사용한 것은 아니다.

한국한의학연구원에서 운영하는 전통의학정보포털의 논문 검색에서도 백수오 관련 논문 2건, 백하수오 관련 논문 3건, 연구보고서를 4건 찾을 수 있었으나 사람을 대상으로 한 임상시험은 없었다.

폐경 증상 자체의 특징 때문에 위약 효과가 더욱 크다는 의견도 있다. 갱년기 증상은 기본적으로 몸에 문제가 있기보다는 여성호르몬 수치의 변화 과정에서 생기는 자연스런 현상이기 때문에 시간이 지남에 따라 완화되는 것을 약의 효과로 착각하기 쉽다는 것이다. 실제로 한국 소비자원에 따르면 4월 기준 시중에 판매되는 백수오 건강식품 32개 제품 중 진짜 백수오를 원료로 사용한 제품은 3개 제품(9.4%)에 불과한 것으로 나타났다. 90%가 가짜라는 것이다. 이 제품들을 복용하고 증상이 호전된 것 같다면 위약 효과일 가능성이 높다.

건강식품 열풍의 숨겨진 이면

수많은 전문가들은 내 몸에 맞지 않는 건강기능식품은 독이라고 전한다. 일반적으로 약을 처방할 때 전문가의 처방전을 받아서 하듯 건강기능식품도 각 사람의 체질과 연령, 식습관 등을 고려해서 복용해야 한다.

사실 우리나라 사람들의 영양 상태는 굳이 건강기능식품을 시시때때로 섭취해야 할 만큼 심각하지 않다. 보건복지부와 질병관리본부의 '2013 국민건강통계−국민건강영양조사'에서는 칼슘과 칼륨을 제외하면 영양이 부족하지 않다는 결론을 내렸다. 특히 비타민 A와 비타민 B1(티아민), 비타민 B2(리보플라빈)는 음식을 통해 섭취한 양이 이미 권장량을 초과하고 있다. 설령 영양소가 부족하더라도 건강식품이 아닌 과일이나 채소 등의 일반 음식으로 보충하면 그만이다.

그렇다면 왜 이렇게 건강식품이 열풍인 것일까? 과학과는 약간 거리가 먼 이야기일지도 모르겠지만, 백수오를 비롯한 건강식품이 그토록 큰 열풍을 일게 한 이유를 찾는 것이 중요할 수도 있겠다.

백수오가 인기를 끌게 된 가장 큰 이유 중 하나가 미디어의 역할이다. 알로에, 두충차 등 한시적으로 인기를 끄는 건강식품의 이면에는 항상 미디어의 적극적인 홍보가 있었다. 이 중 가장 많은 비중을 차지하고 있는 문제가 건강기능식품의 홈쇼핑 광고와 건강의료 정보프로그램이다. 특히 전문가들이 홍보하는 건강식품은 그 권위를 등에 업고 손쉽게

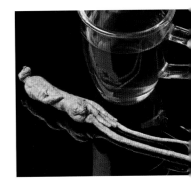

신빙성 있는 제품이 된다. 또한 인터넷과 SNS 등을 통해 관련 콘텐츠가 확산되면서 제품은 더욱 홍보된다. 이에 대한의사협회는 '의사 방송출연 가이드라인'을 제정하고 대중매체에서 소비자를 현혹하는 일부 의료인들에 대해 경고를 한 바 있다. 백수오 논란은 단순히 원료를 속인 사기사건이라고 하기에는 너무 큰 파장을 불러일으켰다. 이는 건강식품에 대한 정부의 방침과 세간의 인식에 대한 관심을 불러일으키는 데 성공했다. 허술한 건강식품 등록과 관리가 이번 사태의 근본적인 원인이라는 지적이 곳곳에서 제기됐다.

건강식품과 건강기능식품의 차이

이야기를 더 진행하기 전에 건강식품에 대해 알아야 할 것이 있다. '건강식품'과 '건강기능식품'은 다르다는 점이다. 하나의 제품이 '건강기능식품'이라는 타이틀을 달기 위해서는 거쳐야 하는 절차가 있다. 건강기능식품은 몸에 좋은 기능성을 지닌 원료나 성분이 들어 있다는 것을 식약처의 검사로 인증한 제품이다. 정부에서 그 기능성과 안정성을 공식적으로 인정했다는 의미다.

이에 비해 '건강식품'은 전통적으로 건강에 좋다고 알려진 원료를 이용해 만드는 식품이다. 식약처의 인증을 거치지 않은 제품이기 때문에 기능성과 안정성을 확신할 수 없다. 글의 서두에서 언급했던 판매 식품들이 대개 이 건강식품이다.

건강기능식품은 식약처장이 고시한 '고시형'과 식약처장이 별도로 인정한 '개별인정형'으로 나눌 수 있다. 일반적으로 고시형 제품이 개별인정형보다 효과가 큰 것으로 알려져 있다. 이 중 개별인정형 제품은 기능성 등급에 따라 4등급까지 나뉜다. 건강식품의 대명사인 홍삼이나 백수오 복합추출물은 모두 2등급에 속한다. 생리활성화 및 질병 발생 위험에 '도움이 될 수 있다'는 뜻이다. 여기서 중요한 것은 '도움이 될 수 있다'는 표현이다. 식약처의 '건강기능식품 기능성 원료 및 기준 규격

인정에 관한 규정'에서는 "기반 연구 자료를 통한 가능성 있는 생리학적인 효과나 기전을 추측할 수 있어야 한다"고 나와 있다. 이는 확실하게 특정 치료 등에 도움이 되지 않을 수도 있다는 의미로서 건강 개선의 가능성만을 나타내고 있다.

한 등급 더 떨어진 3등급은 한 술 더 떠 인체 적용 시험에서 기능성을 확보할 수 없는 원료다. 세포실험이나 동물실험에서만 효능을 확인했을 뿐 인체에 어떤 영향을 미치는지 엄중한 검증을 거치지 못했다. 건강기능식품의 약 95%가 이런 2·3등급에 머물러 있다.

동물실험에서만 효과를 본 원료들이 건강기능식품으로 상품화될 수 있는 현 시스템에 불만을 가지는 전문가들도 많다. 임상시험이 부족하다는 의미는 말 그대로 사람에게 효과가 없거나 해를 입힐 가능성도 있기 때문이다.

백수오 사건의 진원지가 됐던 내츄럴엔도텍의 상품 역시 단 한 편의 논문으로 식약처의 승인을 받고 건강기능식품 인정을 받았다. 임상시험 대상도 우리나라 사람이 아닌 미국 여성 29명이었다. 시험 방법도 지나치게 간단했다. 실험자에게 석 달 동안 백수오 추출물을 주고 안면홍조 등 갱년기 증상이 개선됐는지를 물어보았다. 더 큰 문제는 논문의 공동 저자가 내츄럴엔도텍 직원이라는 점이다.

제2, 제3의 가짜 백수오를 막기 위해서

식약처의 식품 인정 기준이 기본적으로 네거티브 시스템인 점도 문제가 될 수 있다. 사용불가 원료 목록에만 없으면, 안전하다는 근거가 없더라도 식품으로 사용할 수 있는 것이다. 특히 현재와 같은 방식으로 식품 원료를 관리할 경우 언제 제2, 제3의 가짜 백수오 사태를 촉발하게 될지 모른다.

한편 미국, 독일 등 선진국에서는 보험회사들이 건강식품에서 발생할 수 있는 위험을 조사 중이다. 무분별한 건강식품 오남용으로 인한

피해가 생각보다 심각하다는 반증이다. 미국 독극물 응급센터에 접수된 2천 건의 신고 전화에서 신고자들은 심근경색, 간질환, 출혈, 염증 등 식품 보조제와 관련된 다양한 이상 증세를 알렸다. 여기에는 인삼, 마황, 허브 등 천연 물질도 포함된다.

최근 인기 있는 오메가-3 지방산의 경우도 알약 형태로 복용할 때는 그 성질이 달라질 수 있다. 독일 연방위해평가원에 따르면 오메가-3 지방산을 과도하게 복용했을 때 혈액 응고에 영향을 줘 자발적 출혈을 초래할 수 있다고 한다.

가장 많이 팔리는 건강식품인 비타민제도 마찬가지다. 생각보다 훨씬 많은 비타민의 부작용들이 학계에 보고됐다. 대표적인 것이 미국 세인트루이스 대학 맥스 호르윗 교수의 연구다. 이 연구에 따르면 비타민을 무기질과 혼합된 알약 형태로 복용하는 사람은 그렇지 않은 사람보다 심근경색이나 암으로 죽을 확률이 높다고 한다.

일반적으로 많이 섭취하는 비타민 C도 예외가 될 수는 없다. 매일 3~4g의 비타민 C를 복용했을 때 설사 및 위장 장애를 유발할 수 있다는 연구 결과가 있다. 또 미네소타에서 당뇨병 환자 1923명을 상대로 조사한 결과 매일 비타민 C를 3,000밀리그램 이상 복용한 환자는 다른 환자에 비해 심근경색이나 뇌졸중으로 사망할 위험이 두 배나 늘었다. 이 밖에도 비타민의 위험성을 경고한 연구 결과가 많이 있다.

모든 건강식품이 나쁘다는 얘기가 아니다. 이기호 CHA의과학대 가정의학과 교수는 그의 저서『건강기능식품이 내 몸을 망친다』에서 아무거나 먹지 말고 제대로 알고 먹으라고 강조한다. 먹는 순서, 보관법, 본인의 체질 등을 잘 따져서 복용할 경우에만 말 그대로 건강에 도움을 준다는 의미다.

가장 중요한 것은 백수오와 같은 건강식품, 건강기능식품의 효능과 진위 여부를 따져보기 전에 근거 없는 건강식품 열풍에 휩쓸리고 있는 건 아닌지 돌아보는 일이다. 대한한의사협회가 2013년 전국의 한의사 3960명을 대상으로 실시한 설문조사에서 응답자의 64.6%가 "홍삼 등 건강식품 부작용으로 내원한 환자를 진료한 경험이 있다"고 밝힐 정도로 맹신은 널리 퍼져 있다. 제2, 제3의 백수오 논란이 없도록 좀 더 신중하게 건강식품을 바라보는 시선을 가져야 할 때다.